U0269317

·Kelly老师的红茶学苑·

英式下午茶的慢时光

维多利亚式的红茶美学＋冲泡美味红茶的黄金法则

杨玉琴　著

河南科学技术出版社
·郑州·

序

徜徉红茶文化之美的旅程

英式下午茶是由漂亮的茶具、点心和轻松的气氛构建而成的优雅世界。除了三层点心架的固定印象，深入了解就会知道，无论是轻松的一个人、讲究的两个人或是叽叽喳喳的一群人，都能找到简单自在的方式享受下午茶。如何将这样的美好带入生活，是从事红茶工作 15 年、担任讲师的我最想做的一件事。在台湾谈英式红茶的书很少，谈维多利亚式下午茶的书更清一色是来自国外的翻译书，因为生活方式与阅读习惯不同，我发觉总有些板块无法引起共鸣，因而想写一本适合华人阅读的下午茶图书，这成为启动这本书写作的契机。

我在日本学习时，走遍各式红茶馆，品尝世界各国品牌红茶，参加各种讲座，种种经验让我突破原本的框架，懂得从更宽广的角度去欣赏红茶。经过一段时间的积累，我慢慢地将目光从桌上的红茶、点心、茶具古董和礼仪，延伸到饮茶空间的形态与英国历史文化的层面。

我常在想，如果说红茶的成分与人体的健康、各国水质分析这样的课程像是一种科学教育的话，那么各种红茶的冲泡方法、红茶混调、英国点心的制作就像是实习课程了；而参加茶会的方法、如何当一个称职的主人与受欢迎的客人、茶会礼仪可以归类为社会课程的话，那么古董银器鉴赏与维多利亚时代的知识也可称为人文历史课程。各种类型的红茶课程集中起来，或许就是 200 多年前女孩们所受的完整教育吧！

从单纯探索一杯红茶的美味，到了解这杯红茶对整个时代的影响力，这个过程对我而言是不可思议的，这些看似与红茶无关的维多利亚时代的生活文化，跨越时空内化成为我后来教学时的重要内容，让我能以更贴近生活的方式，将古代的繁文缛节说得简单有趣，也让我在不知不觉中喜欢上追究每一件事情发生的原因，在现代不同的时空背景下更容易理解与学习。

除了最初的半年待在日本学习红茶之外，我至今也不断前往日本和英国参加各种红茶茶会和研讨会，除了持续拓展视野、吸收新知，更因此有机会结识各个领域的专家、各具特长的红茶老师与茶界的前辈们，与他们愉快品茶谈天的过程，让我更深刻体会到英国下午茶最重视与人交流的意义，我想，这是因为爱红茶而得到了重要的人生宝藏。

最后，我要谢谢引领我进入红茶世界的卡蒂萨克公司林总——给了我许多探索与学习的机会，谢谢给我鼓励的红茶教室里的所有学员朋友，以及总是默默支持我的 Jeff 哥，还有经纪人文琼姐——相信我可以超越不纯熟的文字障碍完成本书。

希望看到本书的你，可以因为每一杯红茶的滋润，让生活更愉快精彩。

要不要一起喝杯茶？

杨玉琴（Kelly）

目 录
Contents

序 徜徉红茶文化之美的旅程 ………… 2

下午茶 TQ 测一测——检视你的茶品位 ………… 10

下午茶的原点——品味维多利亚时代的优雅

维多利亚式饮茶 ………… 14

品位与富裕的象征 ………… 14

贝德芙公爵夫人引领下午茶风尚 ………… 15

品茶与阶层 ………… 16

Let’s Enjoy Tea Party 英国红茶文化的萌芽 ………… 21

17 世纪中叶：葡萄牙公主带来饮茶习惯 ………… 22

18 世纪：安妮女王提升饮茶内涵 ………… 22

19 世纪：维多利亚女王带动茶会风潮 ………… 23

英式茶会守则 ………… 24

It's Tea Time　英国人的饮茶时间 …… 26

一日红茶生活 …… 26

实用饮茶礼节 …… 30

Tea Time Column　下午茶 = 自助餐？ …… 33

时尚英伦下午茶——必访经典茶馆

英伦时尚下午茶 …… 38

英式饭店下午茶的特色 …… 38

正统英式三层架点心 …… 40

The Ritz London
伦敦丽兹酒店——历史悠久的百年老店 …… 42

The Savoy Hotel
伦敦萨伏伊饭店——英国仕女餐饮社交活动的推手 …… 45

The Goring Hotel
伦敦戈林酒店——皇室御用新秀 …… 48

Betty's Cafe Tea Room
贝蒂茶馆——传统古城的骄傲 …… 51

Tea Time Column 台湾茶馆私房推荐 …… 54

时髦风尚茶生活——
提升品位、尽享茶趣
超人气茶品牌推荐

品牌茶是什么? …… 62

经典贵族风尚 …… 63

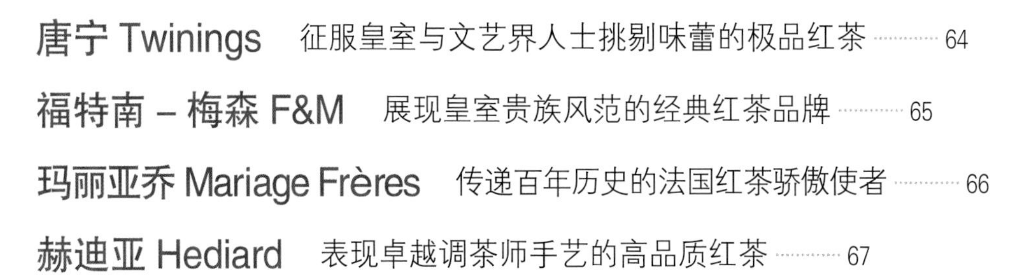
唐宁 Twinings 征服皇室与文艺界人士挑剔味蕾的极品红茶 …… 64

福特南－梅森 F&M 展现皇室贵族风范的经典红茶品牌 …… 65

玛丽亚乔 Mariage Frères 传递百年历史的法国红茶骄傲使者 …… 66

赫迪亚 Hediard 表现卓越调茶师手艺的高品质红茶 …… 67

TWG　充满高级香氛气息的高贵红茶品牌 ………… 68

品味温馨生活 ………… 69

立顿 Lipton　世界上最受人喜爱的红茶品牌 ………… 70

泰勒 Taylors of Harrogate　传递英格兰传统浓郁滋味 ………… 71

帝玛 Dilmah　来自纯净红茶大国的新鲜滋味 ………… 72

日东红茶 Nittoh　日本第一的国民品牌茶 ………… 73

卡蒂萨克 Cutty Sark　随时都能轻松享受红茶文化的品牌 ………… 74

Tea Time Column　造型多样的红茶包 ………… 75

轻松成为红茶达人的四部曲 ………… 76

红茶小常识① 红茶、绿茶、乌龙茶有何不同? ………… 76

红茶小常识② 茶叶等级如何分辨? ………… 80

红茶小常识③ 产地茶、混调茶、风味茶有何不同? ………… 83

红茶小常识④ 如何挑选茶款搭配点心? ………… 84

Tea Time Column 福特南－梅森（F&M）竹篮——百年人气不减的伴手礼 ………… 86

目 录
Contents

属于你的一周下午茶——
独享或分享皆美好的红茶滋味

维多利亚品茶法 ………… 90

细说黄金法则 ………… 91

泡红茶的基本器具 ………… 92

一起冲泡红茶吧！ ………… 94

选择茶杯小诀窍 ………… 94

基础热红茶 ………… 96

基础冰红茶 ………… 98

基础锅煮奶茶 …………100

享受一周下午茶的美好时光 …………102

茶包周一 …………103

宠爱周二 …………104

淑女周三 …………105

窈窕周四 …………106

约会周五 ············107

派对周六 ············108

团圆周日 ············110

特别日子的疗愈系红茶 ············111

"好朋友"来的时候——姜汁红茶 ············112

心情低落的时候——肉桂奶茶 ············113

睡不好的时候——玫瑰花茶 ············114

Tea Time Column 一起来办家庭派对！ ············115

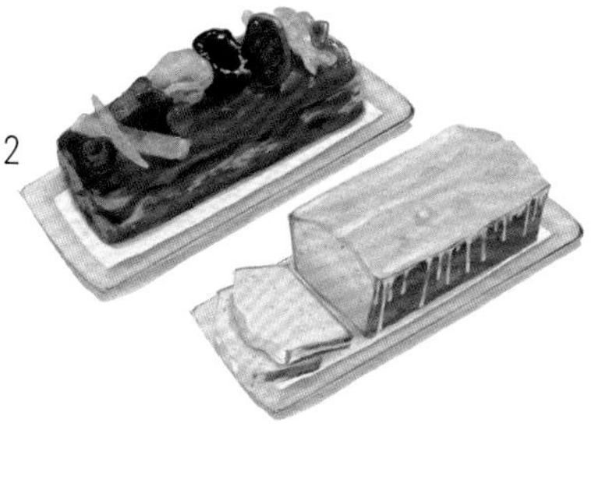

附录 1　常见红茶特色说明表 ············116

附录 2　红茶搭配大师——与各种食材的搭配指南 ············120

下午茶 TQ 测一测——检视你的茶品位

如果说认知能力的智商简称为 IQ，那么你的茶品位就姑且称为 TQ 吧！
一起来测测看，自己对红茶文化的认识有多少。

Q1 只要放上三层架就是正统英式下午茶吗？

Ⓐ英式下午茶中的三层架，每一层的点心种类与摆放顺序都有传统的规矩，必须正确摆放，还要注意传统细节，才能称为正统英式下午茶。

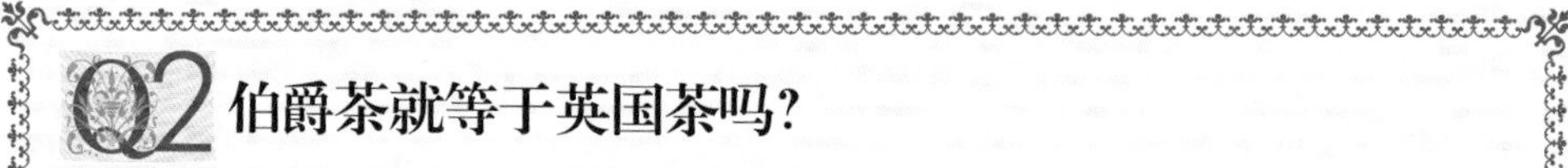

Q2 伯爵茶就等于英国茶吗？

Ⓐ带着佛手柑香气的伯爵茶配方源自英国，是很受欢迎的茶款，也可以说是英国茶的代名词。但伯爵茶只是众多英式茶款的一个知名选项，还有许多根据不同时段混调的茶品，例如早餐茶、下午茶等，也都是英国茶的代表。

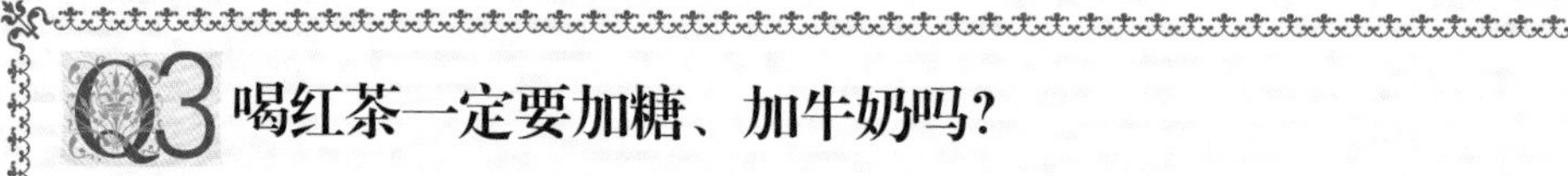

Q3 喝红茶一定要加糖、加牛奶吗？

Ⓐ每一种红茶都有不同的特性，例如以清香气息知名的初摘大吉岭红茶，调了牛奶后容易掩盖其清新香气，所以并不是所有的红茶都适合加糖与牛奶。

Q4 红茶很涩口吗？

Ⓐ如果茶包一直泡在杯中没有在适当的时候拿出，茶汤才会涩口。一般来说浸泡 2min 就可以提取出茶的滋味，此时就应取出茶包。只要记住正确的冲泡方式，就能尝到浓郁甜美不涩口的红茶。

Q5 一个红茶包只能冲泡一杯红茶吗？

Ⓐ红茶汤的色泽较深，容易让人误会味道也浓郁，所以常见到一个茶包冲泡一整壶，形成淡味红茶的情形。原则上一个 2g 的茶包可根据个人喜好，搭配 150~200mL 的热水（也就是一杯红茶）是最恰当的。

Q6 红茶可以放很久吗？

Ⓐ一般而言，红茶未开封可保存两年，开封后两个月是最佳的赏味期限。此外也要避免在开合的过程中暴露在空气中太久；一旦红茶吸收了湿气就很容易变味，与新鲜的红茶香气截然不同。最好购买小包装趁鲜品尝。

Q7 加入水果片就是好喝的水果茶吗？

Ⓐ只加入水果片充其量只能增加微弱的水果香。如果想要尝到味道酸甜浓郁的水果茶，就必须多一道程序：先将水果片与糖熬煮成蜜水果泥，然后在冲泡红茶后调入蜜水果泥。这样才能呈现水果茶特有的酸香甜美滋味。另外，使用滋味浓郁的市售果酱也是一个快速便利的选择。

Q8 选择高级的矿泉水冲泡红茶比较好吗？

Ⓐ矿泉水里的矿物质过高，反而会阻碍茶风味的释放。干净的自来水就是冲泡红茶最好的水源，只要注意在冲泡前新鲜取水并确实煮沸，就能简单冲泡出美味红茶。

Q9 听说喝红茶对身体好？

Ⓐ红茶中有大家熟悉的茶多酚类、皂素等成分，对于防癌、抗菌、消炎有帮助；氟素可以保护牙齿，咖啡因可促进新陈代谢、有助于燃烧脂肪；最近受到关注的是，红茶富含茶黄素与茶红素，具有抗氧化的效果，能够延缓身体机能老化，起到抗衰老的作用。

Q10 过期红茶包只能丢掉吗？

Ⓐ如果不小心红茶包过期了，别急着丢，红茶吸湿除臭的效果极佳，可以放在电话话筒凹槽中、冰箱门边架上和换季时的鞋柜里，只要定期更换红茶包，它们就是最天然有效的除臭剂。

TQ 测验结果

- 2 题以下：现在开始，跟着本书的说明，重新认识下午茶的精彩吧！
- 3 ~ 5 题：别只是喝茶聊天，书中下午茶的知识内涵，绝对让你品位加分！
- 6 ~ 8 题：已能充分享受下午茶精髓，让 Kelly 老师带你进一步展现茶品时尚！
- 9、10 题：恭喜你！看完本书，红茶生活达人非你莫属！

下午茶的原点——

品味维多利亚时代的优雅

饮茶能够融入英国人的生活，让女孩们争相模仿，
源自皇室女王们对饮茶的喜爱。
17 世纪中叶，葡萄牙公主凯瑟琳将东方的茶与茶具带进英国皇室，
开启了饮茶的时代。
18 世纪，安妮女王接着设置专属于饮茶的空间（茶室，tea room），
让饮茶成为一种重要的皇室生活形态。
19 世纪，维多利亚女王更将喝茶风气普及一般人的生活当中。
经过近两个世纪的积累，在女王们的引领之下，
至今，饮茶已俨然成为优雅时尚的社交活动的象征。

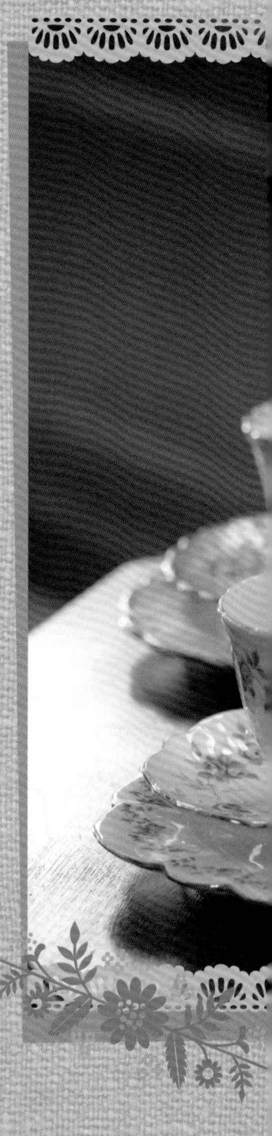

维多利亚式饮茶

谈到英国你会想到什么？伦敦桥、大本钟、伦敦眼？维多利亚下午茶？只要说起维多利亚时代（1837—1901 年），一种优雅浪漫的印象油然而生：安静午后的大片落地窗前，依着窗帘、刻工精细典雅的小原木桌上，曲线优美的茶壶、映着阳光闪闪发亮的银汤匙，蕾丝袖口、轻取杯缘的白皙的纤纤玉手，褐色大卷发衬托着微笑脸庞……这样轻松优美的饮茶画面，可以说是维多利亚时代最具代表性的场景。

品位与富裕的象征

“饮茶”之所以可以成为整个维多利亚时代印象的缩影，是因为其悠闲轻松、美好生活的幸福感，恰恰反映了英国最骄傲的经济文化全盛时期的状态。富裕的生活也让这个时代的人们对于饮食非常讲究，他们从遥远的国度进口各种异国情调的香料，用于精心烹制的食品中。尤其在殖民地印度、斯里兰卡成功种植茶之后，茶更成为英国重要的经济作物，随之而来的产业效应，让饮茶不只对英国人的生活产生影响，更在经济上扮演着举足轻重的角色。

这样的变化，让原本只在宫廷流传的茶走向大众，而当时的维多利亚女王对于推广这种促进经济的产业更是不遗余力。女王经常在公开场合以茶会（tea party）方式进行社交活动，再加上此时英国瓷器产业也渐趋成熟，美味的茶加上争奇斗艳的瓷器茶具，茶桌布置成了展现品位的象征，这多彩的茶文化，让英式饮茶更趋成熟。伦敦高雅的饭店开始设置茶室（tea room），街上开始有了向大众开放的茶馆，以饮茶为主的茶会、舞会更成为一种社交主流。

1

1 维多利亚时代的下午茶

2 17 世纪的欧洲皇室，对于有着“白色金子”美誉并充满东方神秘色彩的蓝白瓷器很着迷；当时的富贵人家，将拥有蓝白东方瓷器视为品位和时尚的象征。18 世纪，在欧洲人找到瓷器制作秘方时，高贵的蓝白色调，自然成为争相模仿的对象。无论是将其运用在擅长的庭园花卉中，还是直接撷取象征东方恋情的比翼双飞鸟，这样的瓷器艺术风格，都成为超越东西文化的新时尚潮流，至今仍然被世人喜爱，这样的瓷器成为收藏家不可错过的珍品

3 维多利亚时代的杯盘组，美丽精细的花纹赏心悦目

小·学·堂

英国瓷器产业开始于 18 世纪初期，知名的瓷器品牌伟吉伍德（Wedgwood）于 1759 年诞生，斯波德（Spode）则于 1776 年创立。到了 19 世纪，瓷器产业因饮茶习惯的普及，发展更加快速。

一张茶桌带给英国人的除了口腹之欲的满足之外，新古典主义、印象派、洛可可，这些听来深奥的艺术风格也都可以轻松地从茶具、布饰制品中欣赏，还有男女之间互相愉快的交流、谈天，这大时代的渐进、平等、人文……所有反映时代进步的维多利亚式幸福元素，可以说都从这里开始。

贝德芙公爵夫人引领下午茶风尚

维多利亚时代也是英国快速发展与进步的一个很重

要的时期。科学进步使得运输和贸易达到了前所未有的繁荣兴旺，四通八达的铁路交通贯穿东西南北。交通发达对于原有的生活习惯也有着相当大的冲击，因为人们开始早出晚归，饮食习惯也随之改变。简单来说，早餐提前了，午餐更简便，而晚餐被延后，这么一来午餐与晚餐的间隔被拉长，而午餐与晚餐之间的下午 4 点左右需要增加一次轻食，这其实就是下午茶诞生的最主要原因，而主角就是当时的新女性贝德芙公爵夫人。

相传在 1840 年，贝德芙公爵夫人安娜·玛丽亚（Anna Maria）女士每到下午时刻，感觉肚子有点饿，此时距离穿着正式、礼节繁复的晚餐聚会还有段时间，于是她就要女仆在她的起居室准备几片涂上奶油的烤面包和茶，她觉得在这样的时间品尝茶与点心实在是相当美好的体验。

安娜女士随后开始邀请知心好友们加入她在下午的聚会，伴随着茶、点心与鲜花，同享轻松惬意的午后时光。一时之间，这在当时贵族社交圈内蔚为风尚，名媛仕女趋之若鹜，“下午茶”一词从此成为偷闲相聚的美丽代名词。由于当时的维多利亚女王也非常喜爱这样的交流方法，此后“维多利亚下午茶”更成为英国饮茶的代表。

小·学·堂

英国的贝德芙公爵夫人故居目前仍保留着当时的样貌并开放参观，还有令人憧憬的古典下午茶服务。

◆官网：http://www.thewoburnhotel.co.uk/dining/afternoon-tea/

▲英式下午茶的发明人：贝德芙公爵夫人安娜·玛丽亚（图片来源：维基百科 wikipedia.org）

品茶与阶层

因为维多利亚女王的影响，饮茶成了全民活动。每一个阶层享受茶生活的方式也不尽相同，当然最直接的就是反映在茶具、茶品的价格上了。然而，不论是哪一个阶层都自有一套享受的方法，一般人也许单纯地享受悠闲饮茶的美好，而贵族们则多喜爱利用茶会来做社交活动。

贵族们的优雅下午茶非常讲究各种细节，常常成为一般人憧憬模仿的对象。而贵族们为了突显自己的与众不同，除了使用一般人难以入手、高级稀有的茶品与茶具之外，还发展出各式各样的品茶礼仪，借此展现上流社会的尊贵。要说明这种现象最简单的例子就是，在贵

英国的阶层制度

上流阶层

贵族
- 公爵
- 侯爵
- 伯爵
- 子爵
- 男爵

最上头有女王

士绅
- 准男爵
- 勋爵位
- 乡绅（拥有广大土地的人）

中产阶层

一般
- 从事工、商、金融业的资本家
- 律师、医生等专门职员
- 军队里的将校级军官

收入低
- 中小企业经营者
- 具熟练技术的劳工、工匠
- 文书、行政事务员
- 农夫

劳动阶层
- 小耕农、农业劳动者
- 工厂工人
- 街头商人
- 仆役、帮佣

这个阶层较为富裕的人，会与部分中产阶层的人结合，成为引导大众文化的重要势力

族茶会的邀请卡上，最常看到的字母是“R. S. V. P”。

发现了吗？这四个字母不是英文，而是法文“répondez s'il vous plaît”的缩写，意思是“等待您的回复（please respond）”。为什么英国贵族却要使用法文？

原因是当时欧洲各国贵族几乎都受过正统的法文教育，且彼此之间联姻的情形尤其普遍，所以我们常常在欧洲电影中看见贵族仕女们面临夫家与娘家交战而左右为难的情形，法文在当时就是欧洲各国外交的官方用语（据说到现在法文还是欧洲外交场合的通用语）。

懂得回复这样的邀请卡，其最大的意义就是在宣告贵族身份的与众不同。在一片全民饮茶的风潮中，贵族们为了强调自己的尊贵与不凡，使用一般人不懂的语言就是最惯用的方式，这样的现象跟长期以来的阶层文化有很大的关系。

阶层制度在英国文化里是很难以说明的一部分。除了表面上容易理解的身份——皇室、爵士、中产阶层、劳动阶层之外，不同阶层不相互交流的潜规则，更深深地影响着人们的生活。即便是活在现代的英国人，仍习惯从对方说话的腔调及用语，来了解这个人的家世背景与教育程度。

在英国社会里，贵族因为身份而占尽优势，这让人羡慕不已，当然也让人们结交权贵的想法更加迫切，但碍于刚才提到的不同阶层不相互交流的规则，要与其结交自然是一件困难的事。不过比起一般人，美丽的仕女们借着大家都喜欢的下午茶聚会来社交，幸运的女孩也许就可以结识权贵，结婚后除了享受财富，也连带提升娘家的身份地位，这样的模式能从电影中窥知一二。

1 英国殖民时期茶贸易兴盛，1866 年举行的快速风帆运茶船比赛中，Taeping 风帆以半小时的优势获胜，轰动一时（图片来源：私人收藏）

2 1900 年位于斯里兰卡的立顿（Lipton）茶庄园风景（图片来源：私人收藏）

3 庭园下午茶（tea garden）在英国很风行。此为 1913 年，绅士、淑女们在庭园享受下午茶的片刻（图片来源：私人收藏）

在 1997 年大热的电影《泰坦尼克号》（*Titanic*）里，女主角露丝不停地换装，一会儿下午茶、一会儿晚宴，为了呈现美好的仪态，母亲用力帮她勒紧马甲的经典场景，更突显出女主角即使不愿意，也必须为了家族向拥有爵士地位的未婚夫尽力展现优雅风采，为的就是借夫家保住自己家族的地位。另一个场景，在茶室的一个角落，穿着华丽的贵族妈妈正指导约五岁的小女孩用餐礼仪，一手扶直小女孩的背，一边叮咛女孩如何正确使用餐巾……

当时的女性通过婚姻决定自己命运的情况不胜枚举，女士们的话题也总是围绕着哪家的女儿嫁给谁展开。由于嫁给贵族不但衣食无忧且地位高人一等，所以女孩们从小就得接受饮茶礼仪训练，似乎也可说是为这样的幸福生活做准备。

除了想要飞上枝头做凤凰，过着更无忧的生活之外，也有一种情形是，就算不必

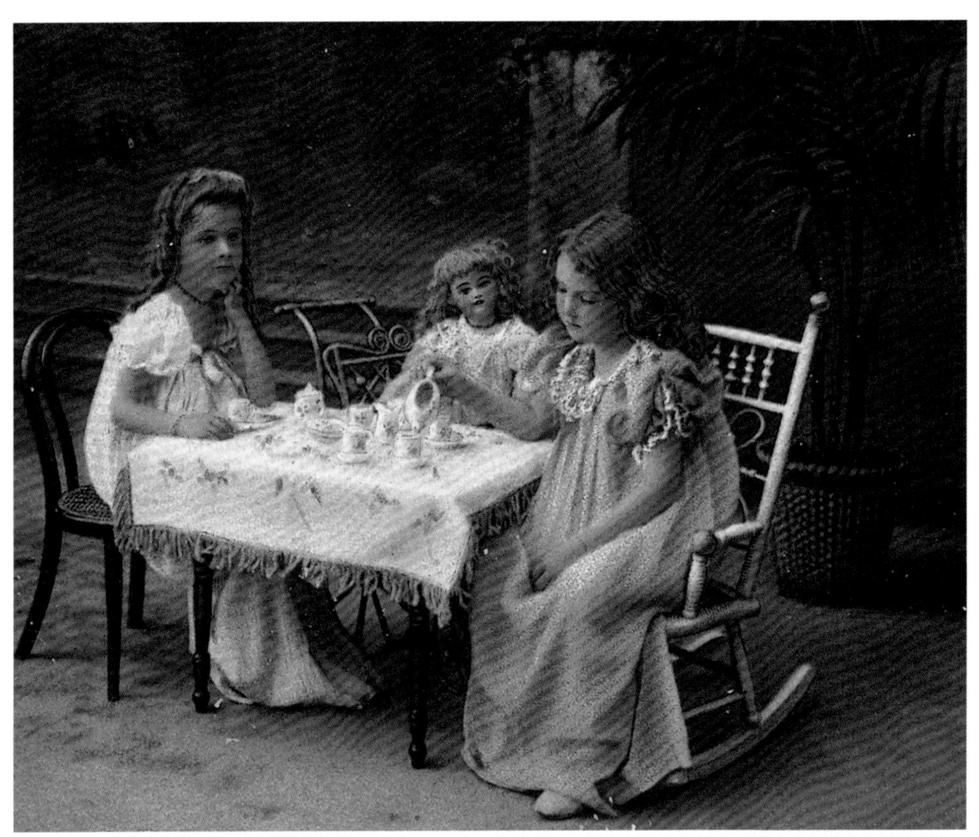

▲ 在英国，女孩从小就要接受饮茶礼仪训练。此为 1906 年小淑女们为心爱的洋娃娃举行生日茶会的老照片（图片来源：私人收藏）

刻意与上流社会交流，也在社会压力下不得不向上流社会靠拢。例如在 2012 年上映的撒切尔夫人传记电影《铁娘子：坚固柔情》（*The Iron Lady*）中说到，撒切尔虽然身为牛津大学的高才生，却在进入上流社交圈时被讥笑为杂货店的女儿；即便撒切尔当选为保守党党魁，她也必须勤练演说和口语技巧，变更口音让自己接近权力核心期待的样貌，仕途才能更顺利。

从这些例子都能轻易看出无论初衷为何，在当时与贵族（上流社会）交流似乎是获得成功的重要环节之一，而参加茶会、学习品味生活，与人交流、建立人脉存折，更可以解读成是一张开启幸福之门的入场券吧！

在阶层制度严格的那个时代，女孩们必须遵守各种礼仪规范。生活当中有许多束缚，不能自由读书、上街，因此参加茶会成为汲取知识、与人交流所不可缺少的生活方式。两百多年前的女孩跟现在的你、我一样，好姊妹们聚在一起时谈运动、聊时尚、玩着算命游戏……

除了平常的下午茶，在特别的日子或节庆时邀请宾客一同饮茶、谈天，像这样聚在一起享受茶品的茶会（tea party），可以说是当时仕女们的舞台。在这个舞台中，不论是想要展现教养、品位，还是想结识上流家族等，基于各种理由，在茶会中的每一个细节都让仕女们无法轻忽。

▲ 来自葡萄牙的凯瑟琳王妃将饮茶习惯带入英国，从此喝茶成为贵族生活的一环（图片来源：维基百科 wikipedia.org）

17 世纪中叶：葡萄牙公主带来饮茶习惯

第一个影响茶在英国发展的重要人物，就是在 1662 年嫁给英王查理二世、来自富裕国度的葡萄牙公主凯瑟琳（Catherine of Braganza）。当时凯瑟琳王妃的嫁妆中最引人注意的莫过于大量来自东方的茶叶与茶具。从小就饮茶的凯瑟琳来到英国后，对于英国贵族将茶仍视为养生灵药的饮用方式感到不可思议。

对比英国更早接触茶的葡萄牙贵族而言，饮茶早已从养生变成了休闲生活的一环。凯瑟琳还因为想调整茶汤的苦涩滋味，而在茶里添加了当时价值可与银相提并论的砂糖，像这样每天当作消耗品饮用着甜蜜茶汤。这给英国贵族们带来了相当大的冲击，而凯瑟琳更通过邀约饮用这样奢华的茶汤以结交朋友。

▲ 英国安妮女王发展出饮茶文化的轮廓（图片来源：维基百科 wikipedia.org）

茶在英国从此转变成为结交朋友、展现奢侈生活的象征，开启了上流社会的饮茶风潮。

18 世纪：安妮女王提升饮茶内涵

到了 18 世纪初期，饮茶已在英国宫廷流传 40 余年，从小在宫廷长大的安妮女王（Queen Anne）自然也承袭了这样的饮茶习惯。当时被称为爱茶女王的安妮女王，对于饮茶的细节更加讲究了，不但请工匠为自己制作世上第一个银制大茶壶，还设置专属于饮茶的空间，称为茶室（tea room），享受饮茶从此有了专属的茶具与空间，饮茶更成为一种重要的生活形态。

看过《哈利波特》（*Harry Potter*）这部电影吗？对于《哈利波特》的影迷们来说，除了充满冒险梦幻的魔法，自然呈现的古典英国生活也是欣赏电影的一大乐趣。在《哈利波特与阿兹卡班囚徒》（*Harry Potter and the Prisoner of Azkaban*）的剧情里，还出现一堂详细记载“茶占卜”的预言课程。

在堆叠着满满英式茶具的教室中，学生们看着茶杯杯底残余的茶叶渣，按照茶叶渣形状比对着预言书里的信息。像这样用茶叶渣当作预言媒介的茶占卜，最早出现在18世纪，是当时巫师们常用的一种占卜术。

在那个时代的年轻女性大多没有能力改变生活模式，普遍相信命运。在每天的饮茶生活中，随着茶叶渣的形状、位置，跟朋友们想象未来、在茶会中一起占卜，不仅能感受到十足的趣味，更能让人展开梦想双翼，享受小小幸福的重要时光。

▲ 此为维多利亚时代茶会中流行的茶占卜及算命纸牌（复刻版）

▲ 深受维多利亚女王青睐的茶会活动，也广受社会各阶层的喜爱（图片来源：维基百科 wikipedia.org）

19世纪：维多利亚女王带动茶会风潮

19世纪的维多利亚时代是英国生活最富裕、社会最安定的时期。茶叶不再需要千里迢迢从中国进口，英国的殖民地——印度开始产茶，茶税也下降，这样的改变让原本高不可攀的茶不再遥不可及，喝茶风气普及一般人生活当中。

当时维多利亚女王更是喜欢在公开场合举

▲ 正式的茶会上，除了上选好茶，瓷器茶具、银制餐具、点心、鲜花摆饰都不可轻忽，也展现主人家的品位（照片提供：卡蒂萨克）

行茶会招待贵宾。受到人民爱戴、女孩们崇拜的维多利亚女王，一举一动都是注目焦点，女王最爱的茶会自然也成了年轻女孩争相仿效、喜爱参与的活动。

经过两个多世纪的积累，在女王们的带动之下，茶会凭借优雅惬意的美好形象，已成为女孩们专属的时尚社交活动。

英式茶会守则

在各式各样的茶会中，有几个共通的元素是很重要的：①茶要以正确的方式冲泡；②茶点要丰盛；③茶具的摆设要优雅。这三点被视为英式下午茶的沏茶传统，到现在还一直被遵循着。

1 茶要以正确的方式冲泡

当时茶已普及一般人生活之中，为了让所有人都可以品尝到美味红茶，出现了标准的泡茶方法，又称为维多利亚时代美味红茶的黄金法则（参见第 90 页），1911 年还出现在很受欢迎的英国家庭料理教科书中，至今仍然被当作冲泡最美味的红茶的准则。

2 茶点要丰盛

让客人充分感受到诚挚邀请的心意，美味丰富的点心自然是少不了的，至少要准备人数 1.3 倍的分量，种类也要有三种甜点、两种咸点以上才可以称得上是合乎礼仪的丰富点心。

下午茶小·学·堂

茶起源于中国，但在那个交通不发达的远古时期，欧洲人想喝茶得冒着生命危险，乘坐船只千里迢迢绕过大半个地球，将茶叶由中国辗转运到欧洲。所以茶的价值不菲，而且喝茶还被传说可强身健体，茶是人们梦寐以求的奢华滋味，当时还有一个响亮的名号，称为“来自东方的神秘灵药”。

这批来自东方的“娇客”被装入上锁的茶盒内，宛如高级珠宝般备受呵护。茶盒的材质越稀有、做工越精细，就越能彰显家世显贵。当时流行的茶盒材质除了雕刻精细的木材，珍珠、母贝、象牙都是受欢迎的材质。平时女主人将上锁的茶盒摆放于客厅之中就成了高级装饰品，钥匙则搭配着美丽的流苏，女主人会佩戴于腰间不离身，随着步伐移动跟着摆动的亮眼流苏，就像现代女性佩戴钻石一般自然，也成为当时每位女性最想拥有的装点自己的奢华物品。

▲ 19 世纪的茶盒，材质珍贵且造型宛如艺术品。还有制作成水果造型的茶盒

3 茶具的摆设要优雅

茶桌的布置，茶具、花卉都必须符合季节感且优雅美丽。茶会上每一件事都代表着主人的品位与时尚，茶桌摆设就像艺术作品般重要，是传达美感、秀自己的重要媒介。成套的骨瓷茶具、银制小茶匙、优美的桌巾搭配花卉，这些都缺一不可。

除了以上三点，还有一件事情也是必须注意的：

4 礼仪要正确

如前所述，为了展现贵族的与众不同而渐渐发展出的茶会礼仪、茶的品尝方式、茶具的使用方法等关系着身份、教养之外，懂不懂得这些茶会礼仪，也被当作是否为绅士、淑女的判断基准。

另外，参加茶会除了主人的用心准备，宾客们更要穿戴华丽。茶会通常也被认为是可以认识美丽淑女的重要机会，贵族世家的夫人们甚至在茶会上挑选媳妇。每个人都希望在茶会中给人好印象，所有女性都把茶会视为展现优雅风采的竞技场，如何在这样的关键时刻胜出？出色的打扮、优雅的仪态、符合礼仪的举止都是关键。

It's Tea Time 英国人的饮茶时间

在维多利亚时代，女性一天的生活几乎是围绕着从早到晚的饮茶时间而进行的，这个习惯流传了近两百年，直到现在饮茶仍然是英国人生活中很重要的一部分。

是不是觉得英国人总是给人特别优雅从容的印象？难道英国人的生活特别悠闲吗？我想，现代的社会形态很难有人可以真正不忙碌吧！英国人这一份从容似乎与他们在生活中的饮茶习惯有关，在家事、工作忙碌之余，抽5分钟离开“战场”，没有捶胸顿足、无须怒目相视，到茶水间冲泡一杯茶、尝一口甜点，用最简单的方式喘口气。转换一下情绪的生活哲学，英文称为take a break（休息一会儿）。英国饮茶时间是否也能成为在都市丛林的你我最适合的情绪转换剂呢？

一日红茶生活

◎床边茶 early morning tea

早晨醒来的第一杯茶，通常又称为“床边茶”。

在19世纪，床边茶通常由贴身的仆人，在接近主人起床的时间前就用小木托盘送至床边，让主人在茶香中苏醒，而主人就一边饮用床边茶，一边让贴身仆人为其更衣。

现在，床边茶则流行于绅士间，尤其是在特别的日子里，由丈夫为辛劳的妻子献上床边茶。在英国男性杂志上偶尔也有以床边茶为标题的报道，指导如何为妻子准备床边茶，增添幸福情趣。

英国人的茶时间

床边茶 early morning tea	饮茶时间：起床后 下床前的喝茶时间，现在成为男士体贴伴侣的举动
早餐茶 morning tea	饮茶时间：早餐时 搭配丰盛早餐，并可解油腻
十一时茶 elevenses	饮茶时间：上午 11 点左右 介于早餐与午餐之间的饮茶，在工作中小歇片刻
午餐茶 lunch tea	饮茶时间：午餐时 可搭配食用三明治、水果等轻食的喝茶时间
下午茶 afternoon tea	饮茶时间：下午 4 点左右 贵族们的下午茶时间，也称为 low tea
傍晚茶 high tea	饮茶时间：下午 5 ~ 6 点 中产及劳动阶层的下午茶时间，会有肉类等菜肴作为晚餐
 晚餐后茶 after dinner tea	饮茶时间：晚餐后 家人相聚聊天，促进感情交流的喝茶时间

◎早餐茶 morning tea

早餐茶即早餐饮用的茶，也称早茶。高高耸起的英式吐司，果酱、奶油，煮豆子、烤番茄、香脆的煎培根火腿、煎蛋、牛奶再加上一大壶茶，满满一桌的营养美味，这样令人喜爱的菜单，让英式早餐几乎成为全世界早餐的范本，英式早餐也是英国人最喜爱的餐点。

搭配早餐所喝的茶，大多选择口味浓郁的英国早餐混调茶或阿萨姆茶，既能够去油解腻，又

能够让人提振精神!

◎十一时茶 elevenses

十一时茶即上午 11 点左右喘口气时喝的茶。介于上午工作与午餐之间的上午 11 点，是许多英国公司的固定休息憩茶的时间，无论公务多繁忙也得停下来喝茶，短暂休息一下。

除了茶品、小点心让大家解馋之外，同时利用这轻松时刻，转换一下心情，彼此聊聊天、增进同事间的交流，让工作更有效率。在 19 世纪，许多英国的大公司还为此设置了为大家泡茶的茶姑娘（tea lady）这样的职务。

◎午餐茶 lunch tea

英国人跟亚洲人的用餐习惯不同，由于早餐丰盛，且在午餐前还有一个短暂的憩茶时间，所以午餐大多非常简便，经常是一些水果或三明治搭配红茶简单充饥，就继续繁忙的工作。因此茶品则以爽口的佐餐茶为主，例如斯里兰卡汀布拉就是很常见的午餐茶品。

▲ 傍晚茶在餐桌上享用，餐点甚至有火腿、香肠等肉类，可视为晚餐

◎下午茶 afternoon tea

英国有句谚语：当时钟敲响四下时，世上的一切瞬间为茶而停。喝下午茶的最正统时间就是下午 4 点，因为午餐吃得简单匆忙，人们容易在这个时间感到饥饿，与朋友坐下来轻松喝杯茶，享受三层架中的三明治、英式松饼（又称司康）、甜点……这可以说是最正统的英式下午茶。

下午茶的点心丰富，茶品的选择也较多样化。印度大吉岭茶、斯里兰卡茶、英式伯爵茶都是很经典的选择，尤其在下午时段慢慢享用，先品尝原味茶再品尝风味茶，然后加入鲜奶调制成奶茶享用，下午茶真的是能充分享受悠闲饮茶的时光。

◎傍晚茶（高茶）high tea

早期除了贵族可以在下午茶时段享用下午茶之外，一般的劳动阶层则要等到下午 5~6 点，男主人下班回家后与家人一起享用。女主人通常准备好喝的红茶及以肉类为主的丰盛菜肴，劳动阶层的一般家庭便以此作为晚餐。

傍晚茶为什么又叫作高茶？因为一般家庭是在用餐的高餐桌（high table）上享用的，取其桌子高度的意思。而因为是全家人相聚在一起用餐，也会有小朋友一起参与，而小朋友使用较高的儿童座椅（high chair），也取其“高”字，因此得名。

◎晚餐后茶 after dinner tea

在用过晚餐后，全家聚在客厅一边喝着茶，一边分享当天所发生的种种，这是家人心灵交会的温馨时刻，晚餐后茶也称为餐后谈心茶。

小·学·堂

贵族的下午茶也称为 low tea，得名原因是举行茶会的地方经常是贵族们的起居室。贵族们坐在舒适的扶手沙发椅上，搭配着高度及膝左右的矮边桌享用；而 high tea 则是当时中产与劳动阶层在傍晚时用来取代晚餐的餐食，由于吃的是分量较多，带着肉类、酒类的晚餐，而且在高度接近胸口的餐桌上进食，因此得名。名称的差异源自餐桌的高度，在当时有着区分阶层的味道。

但现代人习惯以餐点内容来区分两者。具有较多肉类或咸点，也适合当作正餐（非轻食）的下午茶称作 high tea。渐渐地许多大饭店以丰盛的咸食当作卖点，成为受欢迎的下午茶选项，high tea 也不再划分阶层。

▲ 奶油茶其实是提供红茶和司康的套餐服务

因为接近睡眠时间，选用的茶品，女士们大多偏爱可以放松安眠的花草香氛茶，男士们则常选择调了酒品的茶酒，再搭配精巧可爱的块状巧克力，以这样慵懒闲适的气氛作为一天的结束。晚餐后是很受欢迎的饮茶时间。

◎奶油茶 cream tea

奶油茶并非在特定时间享用的茶品，也不是用奶油（cream）调制的茶品，而是指两个司康、凝固奶油、草莓果酱、一壶红茶、牛奶及砂糖这样的下午茶套餐。

畜牧业发达的英国对于奶油非常讲究，而凝固奶油就是特别的英式奶油的代表，更可以说是英式司康专用的奶油。正统的英式司康涂上果酱与凝固奶油，品尝奶油的柔滑与司康外酥内松软的美好滋味。充分享受这种英式司康与茶的套餐称为奶油茶。

实用饮茶礼节

据说传统的英式下午茶，茶桌上会衬着白色蕾丝镂空桌布加上一束鲜花，精致的三层点心架与银制茶壶，这些摆设都是英式下午茶不可缺少的部分。除了女士们要精心打扮之外，受邀的男士也要穿着礼服，举止彬彬有礼，再搭配优美的背景音乐，那么传统的英式下午茶就能完美呈现了。因为这是仅次于晚宴的社交场合，所以这些传统至今仍然受到重视。

对英国人来说，好好地享受英式下午茶就是一种生活情趣，不全然当作社交的一部分。其实不少英国人就算只有一个人品茶也会注重每一个细节，完整地享用下午茶，毫不敷衍、乐在其中。

现代人喝下午茶虽然简化了部分繁文缛节，形态也更多样化，但是如果想要更尽情地享受这样的英式风雅，注意一些实用的小礼节，就能做一个优雅的现代人！

1 三层架享用方式

点心一般会摆放在三层的架子里，由下到上分别为三明治、英式司康、蛋糕和水果挞等甜点。吃的顺序是由下到上、由咸到甜。先品尝带咸味的三明治，再啜饮几口芬芳四溢的红茶。接下来是涂抹上果酱或奶油的英式司康，让些许的甜味在口腔中慢慢散发。最后品尝味道浓厚的蛋糕与水果挞。

2 英式司康的吃法

英式司康（scone）的吃法是用手拨开，先涂一层果酱，再涂一层奶油，吃完一口，再涂下一口，这是英国人讲究柔滑的奶油口感、享受乳香的吃法。如果先涂奶油，会被热乎乎的司康熔化，这样就吃不到柔滑口感了。此外，千万记住别像吃汉堡一般整个拿起大口咬喔！

（照片提供：卡蒂萨克）

▲ 美味的英式司康适合搭配果酱与奶油一起享用

▲ 茶会上不要因为好奇茶具品牌就翻看杯底，这是不礼貌的行为

3 品茶的方法

通常由女主人亲自为客人泡第一壶茶，之后，可将茶壶摆在桌子中央，让客人自行取用、调配。而客人必须注意的是，应先品尝一口主人冲泡的红茶后，再依自己的喜好加糖或添加牛奶。

4 愉快的交谈

要使茶会气氛热烈，“愉快的交谈”是非常重要的因素。一开始可先谈些与现场红茶或茶点有关的话题，这样，无论彼此是否熟识，都可以自然地开始交流。接下来再慢慢地展开别的谈话内容，达到交流目的。

5 茶具欣赏

一般来说，茶会上的茶具也很讲究，例如花样典雅的维多利亚式骨瓷杯盘、银制茶壶、茶匙……

仔细欣赏主人的品位与用心也是很重要的礼仪之一。但无论再怎么漂亮的茶具，千万记住不可以翻到背面看其品牌，这是非常没有礼貌的行为，这样做跟翻女主人衣服上的品牌标签是一样的道理。如果真的很喜欢，不妨先赞美后再问女主人，不过也仅止于询问品牌名称，敏感的价格问题就别提了吧！

下午茶＝自助餐？

卡布奇诺加块饼干、苹果派与伯爵茶、红豆羊羹搭配抹茶……不论法式、英式、日式、混合式，一个人独享或三五好友相聚，在下午这一个时段中，享受“下午茶时间”似乎已与喝茶没有太大关联，重要的是在忙碌的日程中享受喘口气的时刻。“下午茶”已成为现代人偷闲的代名词，是任何人都可以简单入手的小幸福吧！

而在餐厅里，不论形式，只要是在下午时段供应的自助餐点，一律被称作“下午茶”。不过，这和享用三层架点心与茶品的“英式下午茶”有着相当大的差别，除了餐点中不一定有茶之外，种类更是丰富，从沙拉、冷盘到主菜、甜点一应俱全，时间一久，常常令人忘了这样的形式叫作“自助餐”。

传说自助餐起源于8世纪的北欧。当海盗丰收的时候，便会摆设大型宴会庆祝，但是由于他们不习惯也不了解传统的餐点礼仪，因此便发明了这种自己取用食物的方式，后来也在欧洲劳动阶层中流行了起来。

现在常见的欧式自助餐，就承袭了上述海盗宴会的传统，不仅没有拘谨的用餐礼仪规范，就连餐点也少了品种的限制，只要是受欢迎的丰富餐点都能够轻松上桌，没有形式上的束缚。

像这样自己轻松选择喜爱的食物，无限制地享用，倒也跟现代人下午茶偷闲、享受相聚乐趣的精神不谋而合。

不过，越来越多元化的料理总是令人眼花缭乱，现代人处在这容易失控的大餐丛林中，吃法也会越来越像海盗一样了……有没有可以令人心满意足却又不让肠胃不适，而且不失优雅品位的聪明吃法呢？

其实不论自助餐提供什么样的料理，都是有一些原则可以遵循的：

1 先咸食后甜点

千万别被精巧可爱的甜点区迷惑了喔!

跟英式下午茶享用三层架的概念相同，应该先享用咸食然后享用甜点。例如：先品尝培根起司沙拉、鲑鱼三明治，然后再享用巧克力、蛋糕等甜点。

一般进餐程序中，在饥饿时对于带咸味的餐点的需求感是远高于甜点的，而甜点相比于咸食，吃了觉得幸福、满足，心情转换的感受则多于饱足感。这样的印象已成为一般人的认知，所以先咸后甜是推荐的品尝方式。

2 先生食后熟食

这跟理想的健康进食方式相似，生鲜食物在胃中消化和吸收的时间与熟食不同，应该分开食用。以消化速度来说，生食比熟食消化快，掌握这个原则，可以在用餐过程中让肠胃感到舒适。

3 整个用餐过程选择三种饮品来做搭配

以用餐前、中、后来考量：

（1）用餐前：与前菜一起搭配的饮品，最主要的作用是润喉与开胃，例如气泡水、气泡酒（香槟）。在又累又渴的时候，需要的不仅是水分，小小刺激口腔的畅快感更让人喜爱。进餐前尝一点爽口的饮品，不但可以舒缓心情、喘口气，也可以打开味蕾，准备好好大快朵颐吧!

（2）用餐中：整个用餐过程中最长的时段，享用的餐点也最丰富、种类最多样化。此时搭配的饮品，需要能中和口中的油腻感与突显餐点滋味，各式红茶与少量红酒是最适

合的。（红酒与红茶是最好的佐餐饮品，在第三部分再深入介绍。）

（3）用餐后：接近用餐尾声时，大多数人会尝着爽口甜品与水果。此时搭配的饮品，如果具有帮助消化与清新口气的效果是最好的选择，例如各式花草茶、路易波士茶等。清爽的薄荷茶也是很好的选择喔！

4 同一个盘子里的餐点属性必须相同

大多数的餐厅，餐点区与座位区都有一小段距离，因此经常看到许多人想要省去往返的麻烦，一次到位，所以把爱吃的全部放在同一个盘子里。例如生火腿旁边有巧克力蛋糕，蛋糕旁还夹杂温野菜，诸如此类的恐怖餐盘，不仅看起来不美味，卫生上也堪忧。

建议把同一种属性的餐点放在同一个盘子里。除了生、熟食分开，咸食与甜点也都应该分开；还要特别注意带有汤汁（sauce）的餐点更要独立用一个餐盘，以免汤汁沾染到其他餐点。

另外，为了能够更愉快、有品位地享受自助餐或下午茶的乐趣，还有一些可以彼此提醒的地方。例如：用餐中多注意自己的桌面及餐盘的清洁，取用餐点时注意公用餐具的摆放，避免公用大叉子掉进菜盘中沾染汤汁等。还有，取餐时多注意盘子里餐点的配色、位置等，因为我们的双眼总是最先享受料理的，视觉上的美味感受绝对是愉快用餐的第一步。取餐的同时也开始为餐盘作画吧，当你将餐点上传到网上与人分享时，就会是令人羡慕、看来可口的料理画作了！

不论是下午茶或自助餐，美味的餐点、愉快的话题、温馨的气氛都缺一不可，多一些用心，留意这些小诀窍，一定更能乐在其中！

时尚英伦下午茶——
必访经典茶馆

美味的下午茶并非英国才有，
但英国传统的下午茶氛围却是其他地方无法百分之百仿效的。
走访英伦经典茶馆，
通过欣赏充满历史典故的古董、百年装潢与建筑，
实际触摸并使用典雅细致的茶具，与店内专业人员交流，
享受英式传统的服务，真实感受英伦下午茶的美好。
通过享受下午茶时光而自然呈现出的轻松愉快气氛，
更是由时间、空间、
人文与传统交织而成的优雅英伦文化的最佳注解。
相信只有亲自走一趟，
才能真正体会浪漫悠闲的英式下午茶风情。

（照片提供：卡蒂萨克）

英伦时尚 下午茶

英国是下午茶的乐园，也是优雅品茶的发源地，现代女孩憧憬维多利亚时代的方式，就是去伦敦体验正统英式下午茶了！各式各样风格的茶馆林立的伦敦可以说是红茶之城，不过，不论有多少摩登新颖的茶馆，对于下午茶迷来说还是有几个必须造访的古典“圣地”。例如大家熟知的必访下午茶景点：伦敦丽兹酒店（The Ritz London）、伦敦戈林酒店（The Goring Hotel）……这些经典的英式饭店，可以说是享受地道下午茶的最佳选择。

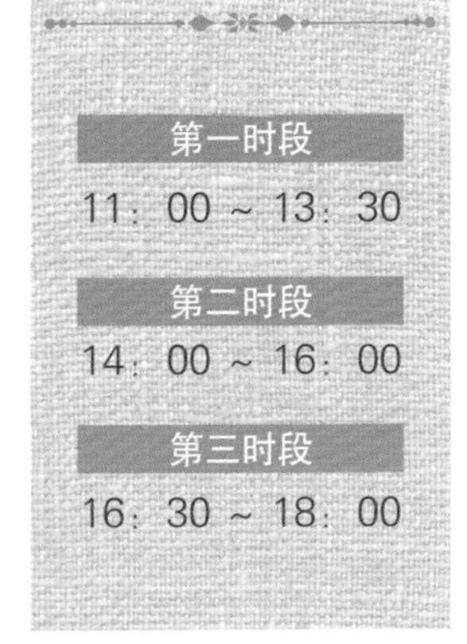

英式饭店下午茶的特色

虽然各家饭店历史不同，讲究的装潢风格与服务形式也不尽相同，但传统英式饭店下午茶的形态其实非常相似，可归纳出以下主要特色：

下午茶的时段

英式饭店下午茶的时段安排，多以选择的方式预定，常见的时段如下：

当然既然是“下午”茶，最不容易预定的也就是“第二时段”下午2点到4点。如果没有特殊需求，建议选择“第一时段”上午11点到下午1点半，除了较容易取得订位之外，丰盛的餐点当成早午餐来享用也不错！

下午茶的餐点

英式饭店下午茶层架菜单通常只有一两种选项，会依据餐点内容的些微差异与是否搭配香槟来分类。最常见的就是：

1 傍晚茶（high tea）：包含热食、肉类、甜点、茶。
2 下午茶（afternoon tea）：三明治、司康、甜点、茶。
3 香槟下午茶（afternoon tea & champagne）：与下午茶餐点类似，但多了香槟。

茶品的选择

在亚洲国家，通常茶单上会有冰茶、奶茶等不同口味的选项，并且依照顾客的选择，直接为顾客调制成冰茶或奶茶。

在英国饭店，下午茶则是没有这些选项的，只有单纯的产地茶、混调茶、风味茶等选择，在顾客点餐后仅以热水冲调，不过在饮用过程中可以依照顾客的需求提供牛奶与冰块。茶汤浓度则可以由顾客或服务人员决定，以茶叶浸泡时间来调整；如果没有特别说明，服务人员则会适时地调入热水稀释，以维持美味的茶汤浓度。

正统英式三层架点心

跟一般人印象中的一样，在三层架里会有三明治、司康与甜点，饭店下午茶也多依循这样传统的组合作为主轴。

最下面一层为咸点三明治。

英式三明治的形状跟我们印象中的三角形不同，大多是方便拿取、入口的长条形。因为其大小是两个手指的宽度，而且方便当时女士们只用三个手指优雅地拿取，所以又有“手指三明治”的别称。

除了用色彩丰富的吐司来制作之外，经典的英式芥末籽酱小黄瓜、鸡蛋沙拉、熏鲑鱼佐酸豆更是必定出现的美味。

第二层是传统代表性点心司康。

通常司康旁边会附上凝固奶油与果酱，司康与果酱、凝固奶油的搭配虽然到处可见，但传统点心美味与否，才是决定整个层架是否受欢迎的关键。因此，除了在司康制作上下功夫之外，在司康口味上占着重要地位的自制蘸酱，现在似乎更成了各饭店下午茶层架的小亮点。除了各式手工果酱，我还偏爱酸甜醇美的柠檬蛋黄酱。

最上面的甜点层。

虽然出现在层架上的多以目前流行的甜点为主（偶尔也会看到法式马卡龙），但饭店下午茶总会再适时地推出小推车或端出大银盘，让你自由选择喜爱的传统英式蛋糕。对于我来说，这才是饭店下午茶甜点的精髓所在——传统蛋糕整齐地并排着，由服务员使用精致的银制餐具依每一位顾客的喜好为大家服务，这种感觉真的非常好！

大部分的饭店下午茶里，经典的司康与各式各样的三明治通常都是可以无限续点的，如果是第一次享受饭店下午茶的人，一定会对这样的服务感到惊艳！

当然茶品也可以一直选择不同口味品尝哦！一趟饭店下午茶之旅的满足感可以说是超乎你的想象！

英式下午茶三层架

甜点层

最上层为蛋糕、水果挞等甜点。

英式司康层

第二层即英式司康，可搭配果酱、奶油享用。

咸点层

最下层以三明治、咸派等咸点为主。

下午茶服装礼仪

其实在国外正式的餐厅通常都是需要着正式服装（男士为西装、领带，女士为西装、高跟鞋……）的。因为下午茶也是一种正式的社交餐点聚会，自然会有这样的规矩。所以男孩们到伦敦时，记住空出一半的行李箱带着帅气的西装，女孩们就到皮卡迪利（Piccadilly）大街为自己挑一套美美的西装吧！

必访经典茶馆 1

The Ritz London

伦敦丽兹酒店

——历史悠久的百年老店

创办于1889年的伦敦丽兹酒店（The Ritz London），是绿色公园这一站最著名的景点之一，在这么多的下午茶饭店中，也是下午茶迷们必须造访的“圣地”。应该都听过这句话吧？没到过丽兹（简称Ritz）就像没到过英国喝下午茶！但这么经典的老店，倒也是最常听见抱怨声的，高昂的价格（平均一人要50英镑）与多如牛毛的潜规则（其中一项就是要着正式服装入场，例如：女士穿西装、高跟鞋，男士须穿西装、打领带），至少一个半月前订位，若要取消订位，必须在48小时前取消，否则还是会收全额的下午茶费用。丽兹到底在神气什么？这历史悠久的老店到底有怎样的魔力让所有下午茶迷疯狂？

时尚与典雅的完美代表

丽兹是来自法国的酒店管理人用尖端的法国时尚在伦敦结合英式典雅的完美代表作，19世纪就已是上流社会名媛、绅士的社交场所，它的成功更使其下午茶成为所有饭店下午茶的范本。这样站在顶端的丽兹，是维多利亚时代的仕女们来到伦敦后的必造访之地，现在当然也是世界各地的女孩们一生一定要享受一次的下午茶首选地！

推荐点心 丽兹的下午茶点心悄悄保留了法国血统，不同于法国马卡龙搭配咖啡，在英式层架中享受正统法式马卡龙搭配茶饮，有着另一种新鲜的摩登感受！而大受欢迎的各式口味磅蛋糕，还提供精致的桌边服务。因为被当作一生至少要来一次的特别的地方，有许多人会选择在这里庆生，所以丽兹每天都提供庆生曲与生日蛋糕的预订服务，若有机会，可以举办像公主般高贵的生日宴喔！

Info

- 费用：传统下午茶每人50英镑左右
- 官网：http://www.theritzlondon.com/

宫殿般的华丽建筑

在丽兹具代表性的新古典主义风格的建筑里，宫殿般的华丽建筑似乎只能用金碧辉煌来形容了。高耸的大理石柱、大气的

落地窗、广阔的天花板壁画、镀金的雕塑和壮观的花环吊灯美不胜收，墙上的各种装饰都炫耀着源自法国的时尚。走上台阶，半椭圆形的下午茶厅如同舞台般迷人，桌面上光彩夺目的银器、茶具更像魔咒般让人忘了烦琐的规矩，自然享受起优雅尊贵的时光。

严谨的尊荣服务

高规格礼仪的服务、一句 Madam（女士）就让人有置身皇室般的错觉，服务人员遵循古典礼法，仪态严谨端正又帅气、气势万千。

与现代人习惯的嘘寒问暖的亲切方式不同，保持小小的距离感，反而是古典礼法中让来宾轻松自在的体贴方式。不让贵宾发现其视线，只在最适当的时间提供所需服务，传承这样经典的模式很难得一见，懂得欣赏与乐在其中更是一大享受，所以提早想想要怎么打扮吧！从选衣服那一刻起就开始体验丽兹的贵族气氛啰！

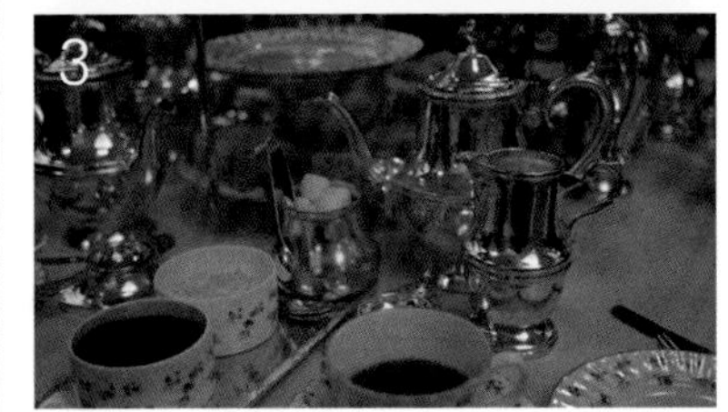

1 伦敦丽兹酒店的旗帜

2 丽兹下午茶厅仿佛宫殿般华丽，装潢十分典雅精致

3 桌上的银制餐具让下午茶氛围更显高贵

The Savoy Hotel

伦敦萨伏伊饭店

——英国仕女餐饮社交活动的推手

对于英国仕女来说，能在伦敦萨伏伊饭店（The Savoy Hotel）享用餐点，代表着进步与时尚兼具的特殊意义，在此享用下午茶更是身份与地位的象征。

萨伏伊饭店（简称Savoy）不仅深受现代红茶迷关注，在历史上也有一段精彩辉煌的记录。萨伏伊饭店是第一个在伦敦提供高级法式餐点，并引起皇宫贵族争相来访的上流社交场所。当时的行政主厨强调现场品尝料理的美味，邀请贵夫人们在饭店里享用餐点，对于当时保守的社会来说是一大创举。萨伏伊饭店也是维多利亚时期的仕女开始能够在公开场合自然用餐的优雅饭店。比起华丽尊贵，对于更爱优雅经典的人来说，在泰晤士河畔的萨伏伊饭店用餐就是最好的选择。

名人首选

萨伏伊饭店是知名人士来到伦敦的首选饭店，英王爱德华七世、伊丽莎白女王二世、黛安娜王妃、英国首相丘吉尔、喜剧泰斗卓别林都曾下榻于此。还有英国最受欢迎的美食作家及厨师——史奈杰（Nigel Slater），在他的人生传记《吐司：敬！美味人生》中也提到，当他前往伦敦时，首选学习厨艺的地方也是萨伏伊饭店。萨伏伊饭店还是电影及音乐短片喜爱的伦敦元素，像浪漫爱情电影《诺丁山》（*Notting Hill*）就选择在此取景。

除了经典舒适，萨伏伊饭店能完整诠释伦敦特有的英式优雅。萨伏伊饭店可以说是众望所归，也难怪会被许多名人誉为在伦敦的第二个家。

茶馆资讯

推荐点心 在事事讲传统的英国下午茶里，不逾越传统的规范，兼顾古典与找到创意的新滋味一直是萨伏伊饭店受人喜爱的重要原因。傍晚茶套餐中提供在下午茶中难得一见的英国传统面包——平常被当作主食的蜂巢英式煎饼，在这里被淋上蜂蜜搭配手工果酱享用，其口感像极了超级软弹的松饼，蜂巢状的气孔吸满了糖蜜，朴实却迷人的美味一定要尝一次。

Info

SAVOY

- 费用：每人约47英镑
- 官网：http://www.fairmont.com/savoy-london/

贵气优雅代名词

萨伏伊饭店的大门闪着银色光芒。走进传统旋转大门，穿过黑白相间的地砖，感受古典与不经意的摩登，这是萨伏伊饭店诠释优雅的一步。

走向下午茶厅，第一个吸引人目光的是典雅大方、搭配些许彩绘玻璃的自然光玻璃穹顶。柔和光影下方的英式铸铁凉亭，就像充满花香的户外英式花园凉亭一般，自凉亭中流泻出动听的钢琴乐曲，轻柔的音符比蝴蝶更加迷人。

每一个座位区域之间都安排适当的距离，像独立的小天地一般。还有专属的贴心服务，女孩们想要的所有优雅元素，萨伏伊饭店一应俱全。

1 服务人员马汀先生用银盘装点心，贴心为客人介绍

2 搭配香槟的下午茶

3 萨伏伊饭店展示柜的玻璃壶及花草茶

宛如茶会主人般的贴心服务人员

“午安！我是马汀，今天将由我为您服务。”服务人员亲切、轻松却不失优雅的应对方式，打破你对承袭皇室的英式服务一贯的严谨规矩的刻板印象。

在这里，服务人员不像工作人员，就像茶会主人一般，适时地倒茶、递上点心，在每一次接触中都能够轻松与顾客聊天，从基础的问候、介绍茶点，一直到关心品茶速度与观察顾客喜好，进而准确地推荐品尝其他点心。

服务人员媲美专属执事，贴心照顾客人的方式，让人几乎忘了是在知名的饭店喝下午茶，感觉就像到豪宅拜访好友一般，温馨愉快的感受可以说是优雅诠释下午茶与人交流的最佳注解。

THE GORING HOTEL
Hotel
The Goring Hotel
伦敦戈林酒店
——皇室御用新秀
必访经典茶馆
3

创立于 1910 年、紧邻着白金汉宫的伦敦戈林酒店（The Goring Hotel），不论建筑、内装、服务都是完美之选，不但获得自然派凯特王妃（Kate Middleton）青睐，在婚礼前一晚全家下榻于此，更荣耀获得 2013 年顶级伦敦下午茶奖。这一波风潮将戈林酒店（简称 Goring）长期以来坚持的自然风格展露在世人面前，更引领新式下午茶风格走向下一个世纪。

温馨感中带有摩登

有别于传统讲究华丽的伦敦大饭店，戈林酒店用温馨感来虏获人心，选用温暖的鹅黄色调来强调温馨的居家感受，户外随风飘扬的紫色旗帜则充分显现了另一种舒适的浪漫情怀。

茶馆资讯

推荐点心 在下午茶中加入香槟一同享用，是奢华又高雅的经典搭配。在戈林酒店选用香槟下午茶，除了香槟之外还会搭配新鲜草莓，然后送上精致的龙虾沙拉当作完整的开胃小点。接下来在下午茶尾声时端上经典的英式甜点，当作完美英式下午茶的句号。以完整的餐程来设计及搭配下午茶，跳出了只享用茶与点心的传统下午茶模式，戈林酒店开创了另一种享受下午茶的新乐趣。

Info

The Goring

- 费用：平均每人 50 英镑
- 官网：http://www.thegoring.com/afternoontea.aspx

多样化的空间享受

戈林酒店以像家一样的环境作为元素，所以没有其他饭店到处耸立着的大型雕塑或装置艺术品。一进到用餐区域，先看到的是充满慵懒气息的高脚椅，桌上还备着开胃小菜；穿过这一片吧台区，走向宽敞舒适的扶手沙发，像客厅般的下午茶区，可以穿透的空间感，让优雅

品茶或爽快喝酒的顾客都能感觉愉快。天气好的时候，更可以步出户外，在面对绿地的露台中享受下午茶。

这些都是在一般高级饭店内难得一见的光景，运用各种不同的空间，让每一次的下午茶时光都这么独一无二，更创造出难得的温暖家庭感受。

阖家欢乐下午茶

在饭店下午茶厅中想要全家一同享受可不是件简单的事。一般饭店大多会限制 10 岁以下的孩童进入，因为戈林酒店最原始的诉求就是兼具豪华与家庭温馨的酒店，所以没有这样的问题。不仅如此，戈林酒店还贴心提供儿童座椅，除了高规格的美味下午茶餐点，无拘束享受阖家欢乐、愉快的笑声更是这里最贴心的服务。

1 即将进入用餐区的长廊，装潢明亮简洁

2 下午茶用餐区如同家一般舒适

3 搭配香槟的新鲜草莓

4 代表戈林酒店的鹅黄色瓷器杯盘组

Betty's Cafe Tea Room

贝蒂茶馆

——传统古城的骄傲

1919年，来自瑞士的贝蒂茶馆（Betty's Cafe Tea Room）创办人，将朴实的瑞士点心带到英国约克（York）这美丽的度假小镇，并在此落地生根，配合这里喜爱大自然的特质，大量使用当地食材，没有花哨装饰，满满真材实料的点心一直是贝蒂茶馆（简称 Bettys）受欢迎的秘诀。在满是古堡的约克郡，贝蒂茶馆能像百年古迹一样被称为观光胜地，天天大排长龙，作为这座古城的骄傲也毫不逊色！

日常生活的典雅风格

没有富丽堂皇的雕刻或是闪亮垂吊的水晶灯，低调的咖啡色系门框，蕴藏着英式典雅含蓄的风格，相当平易近人，却保有英式一贯的谨慎与传统的特质。这样的格调从餐具中也可窥见，没有镶金边的欧式华丽，纯白色曲线，搭配小银壶依然时尚感十足，可以说是摩登的乡村下午茶风格。

店外大排长龙的队伍说明了贝蒂茶馆的超人气。穿着传统制服、围着长围裙的服务人员亲切招呼每位客人，让人一坐下来就忘掉烦躁的等待，没有拘束感，就像是平常去喝茶的茶馆一般，这样的自然魅力是让人一再造访的原因。

目不暇接的伴手礼

排队时，不妨欣赏一下贝蒂茶馆的橱窗，里面展示着琳琅满目的

茶馆资讯

推荐点心 外形像一个超大司康的 Fat Rascal（胖无赖），其实基本配方与司康非常相似，为了容纳各种香料、葡萄干与杏仁等配料，刻意将尺寸变大，这么一来口感更加酥脆、扎实且香气十足，从推出以来就是大众喜爱的口味，也一跃成为贝蒂茶馆最受欢迎的点心。表面用樱桃与杏仁片装点成眼睛与牙齿，看到的是可爱笑容还是恐怖怒颜，就能知道自己现在的心情如何。从点心上这样的小趣味，可以见识到约克人淘气开朗的性格。

Info

- 费用：每人 18 ~ 27 英镑
- 官网：http://www.bettys.co.uk

点心与茶具礼品。贝蒂茶馆有完整独立的商品区，就算不坐下来喝茶也能让人尽兴去逛，就像精品商店般好逛、好买。除了点心、巧克力，店内还有吸引人的茶柜、专业称茶工具，光是欣赏服务人员以熟练的技术称重打包，就像看秀一样！

庶民派的约克郡茶

贝蒂茶馆骄傲拥有属于自己的品牌茶，与知名的英国茶约克郡茶（Yorkshire Tea）来自同一家公司，对于茶的专业自然不容置疑。在各大超市都可以看得到大名鼎鼎的约克郡茶，来自拥有好水质的约克郡，味道沉稳，是扎实感十足的正统英式风味茶，也是日常生活中享受地道英式红茶的推荐品牌。

1 餐桌上一隅

2 贝蒂茶馆在街角半弧形的落地窗是一大特色

3 这里的招牌点心 Fat Rascal 也是受欢迎的名产

4 店内永远都是高朋满座

台湾茶馆私房推荐

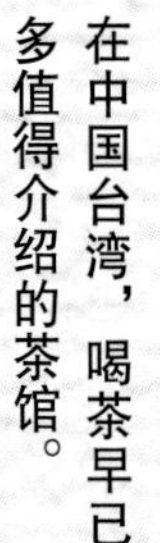

在中国台湾，喝茶早已是生活的一部分，也有很多值得介绍的茶馆。因篇幅有限，这次单纯以下午茶的概念来选择特色茶馆。不需要特别懂茶，也不一定讲究文人气质，只是跟我一样纯粹找个舒适的地方好好喝茶，享受午后时光，那么就跟着我逛逛绿茶、乌龙茶及红茶等三大茶系值得一去的茶馆。

老字号新风貌 台湾茶生活 春水堂

春水堂在台湾茶贡献史上，绝对是可以大书特书的品牌。创办人有感于台湾四季炎热，以雪藏咖啡原理，运用雪克器调理浓缩茶汤，用冰块急冻鲜茶味，成为今日大众熟知的泡沫红茶，将饮茶文化融入生活。除了突破台湾茶的老人味，还将台湾茶巧妙融入食材中。我想很多人都能同意，来一趟春水堂，就能看见自然的台式茶饮生活。

以茶为核心，在茶饮作品中，将茶的香气保留，减少市面上手摇茶饮的多糖缺失。红遍全球的珍珠奶茶，这个兼具茶饮与甜品功能的神奇饮品，在竞争激烈的今天，我仍然认为春水堂的珍珠奶茶滋味独占鳌头。其他如知名的冰炭焙乌龙、招牌红茶等齐备；或想好好喝杯传统茶，也有盖碗杯泡着的热铁观音茶，既周全又兼顾新旧风格。乌龙米雪糕、铁观音茶糕、功夫面……咸咸甜甜的丰富菜品，无论要吃饱“祭五脏庙”，还是嘴馋吃小点，席间可以充分感受台湾人声鼎沸的热闹与亲切开心的茶生活。

最近春水堂也积极发展新的年轻品牌。素雅轻时尚的店装设计，多了一份优雅的感觉，

并将传统的立夏、芒种等节气藏在小型宣传物品之中，再以涂鸦明信片小物跟客人互动，可以看见想将茶传统打进新一代年轻族群的用心。或许也有人会觉得春水堂越来越不像台湾茶，但在我看来春水堂一直带领台湾茶走向新世界，不断创造另一种时尚的台湾滋味。

Kelly 品茶笔记

我的朋友都知道我最喜欢春水堂的铁观音奶茶，我觉得这可以说是春水堂让传统老人茶回春变少女的功力代表作。我曾经有过这样的经验，一早上飞机前在台北松山机场的春水堂点了铁观音奶茶，当天中午下飞机后在东京新宿 LUMINE 百货的春水堂也点了一样的铁观音奶茶（同一天品尝，味觉较精准），结果没让人失望，一样地道的茶滋味。春水堂是可以大方推荐给国外朋友尝试台式茶饮的好地方。

店家资讯

分店众多，请上官网查询。
官网：chunshuitang.com.tw

安静闲适的 京都抹茶 平安京茶事

与日本相同，店外挂着茶屋专属的绿色门帘，尚未进门就能感受到京都气息。屋前清楚的店内须知，包含不接待 12 岁以下的客人、榻榻米区的座位必须穿着袜子等规定，店家清楚有个性的主张，是日系餐厅惯有的风格。

进门后看到一罐罐抹茶被慎重放在冰箱里保鲜，专业的感觉让人更加期待。如果缘分俱足，还有机会品尝到茶屋主人的手刷抹茶。除了抹茶之外，煎茶也是很好的选择。无论哪个品项，都是到位的日本茶滋味，值得一试。

店家以来自京都名门宇治丸九小山园的抹茶为最主要茶款。丸九小山园在日本众多名门环伺下，几乎年年受赏，也是宗家流派茶道爱用的茶款，这样的强大实力，让它曾经被挑选为日本知名综艺节目《料理东西军》的特选食材。由日本匠人使用石臼手工磨制而成的细致茶粉，让茶筅与空气搅动时刷出高雅甘甜的清韵滋味，喝一口就迷上。

与其他茶款比较起来，抹茶是最能表现茶原来滋味的茶食材。抹茶点心也是能让人放松享受抹茶滋味的媒介，许多人或许从未捧过茶碗，喝过令人紧张感十足的手刷抹茶，但总会在各种点心中找到喜爱的抹茶点心，甚至可以因为一份抹茶冰淇淋而成为抹茶控。所以来到这样的专门店，自然也要好好品尝各式茶点才对得起票价。

首先可以尝尝称为“定番”（意指固定商品）的抹茶点心——抹茶蛋糕卷，也是店内必点招牌。蛋糕口感嫩弹，形状如同日文字“の”的卷心，因适量的抹茶鲜奶油和纯鲜奶油交融而不甜腻，适时滑出的抹茶酱，更表现出抹茶清新的甘苦香味，除了好吃之外，可以说是很有气质的蛋糕卷。另一样人气商

品，是冰淇淋加上白玉汤圆组合出现的巴菲（parfait），外形如同圣代冰淇淋般缤纷，白玉汤圆弹软，红豆绵密不甜腻，冰淇淋口感绵滑且茶香浓郁，是迷倒一票抹茶粉丝的“台柱”。

店内使用的各种茶具同样有看头，就连小小的铜制汤匙，烙下的工坊标识也出自名家之手。来到这里，不论是嘴里尝的、手上拿的、眼底映出的，都让人感受到浓浓的日本味。

我喜欢先点一杯抹茶，一口一口感受茶的质感，享受茶的滋味，然后再点一壶煎茶搭着蛋糕卷慢慢享用，静静欣赏茶具，看着服务人员的动作及客人的表情，每一个细节都好有戏。在食材、设备都不容易取得的台湾，可以如此讲究装潢、茶品、点心实属不易；或许在服务方面，未能像在日本那样到位，但亲切的态度是不会让茶迷们失望的。

店家资讯

- 地址：台湾省台北市师大路 165 号
- 电话：02-23682277
- 营业时间：12:30~21:30（每月第一个周一店休）
- FB：www.facebook.com/heiankyo.fans

时尚优雅
英国风红茶

卡蒂萨克概念馆

很难相信在喧嚣的台北有这样的地方，走进巷子远远迎来的是文化石墙堆砌而成的英国式城堡，若不是看见墙上低调的古铜牌上秀出的店名，真的会紧张地以为误闯了某名门世家。门前的大红色英国邮筒的辉煌历史足以让人驻足许久，也已经宣告这茶馆非凡的文化气息。

进到室内的瞬间，也许会让人有些紧张而放轻脚步，自然开始优雅的下午茶旅程。你可以选择在古典图腾布饰墙面环绕的房间中，一边欣赏古典茶画作，一边享用下午茶；也可以在洒满阳光、纯净雪白色框架精制而成的明亮玻璃屋中，坐在柔软舒适的沙发上，透过宽阔的窗台欣赏粉红嫩绿、色彩缤纷的花草，享受另一种风雅。听说古今中外不论达官显贵或是文人雅士，无不以拥有一个具特色的风雅茶室而引以为傲，在这里享用下午茶，也像拥有风雅午后典藏茶室一般，尽享愉快时光。

前方的商品区以英式居家风格为概念，典型的英国壁炉、古董水晶吊灯、百年历史的古董家具，装点成一处维多利亚风格与神秘东方风格交织的空间，服务人员乐意告诉你中西文化交流大时代的饮茶故事。沉稳低调的英式奢华，色调跳脱以往维多利亚风格满是蕾丝、玫瑰花的概念，让人感觉更平静轻松。

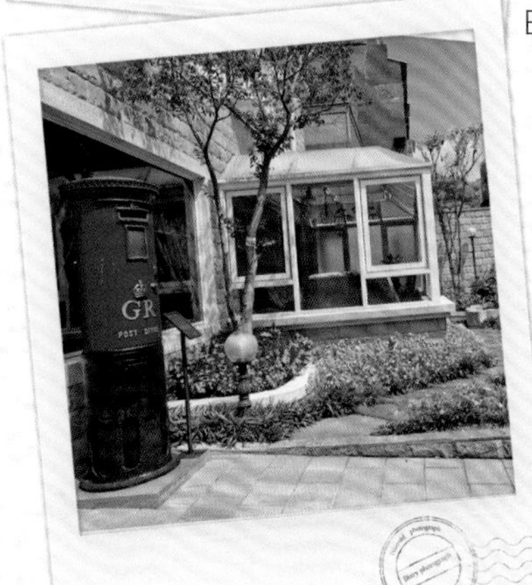

以 19 世纪知名运茶船“卡蒂萨克（Cutty Sark）”为店名，就能够体会店家对红茶文化的坚持。该店不但拥有适合亚洲人口味的自创品牌茶品，店里黄金比例的锅煮奶茶更是值得推荐，并供应台北少见的正统英式传统点心，出自在英国伦敦伯明翰大学烘焙学系学习正统英式点心的日本主厨之手。对天然、健康食材的坚持，在英国国民点心——司康上表现无遗，单纯的鸡蛋香气，外酥内软的口感，再搭配英国的凝固奶油与手工果酱，纯英式风味让人一尝上瘾。茶桌上的英国知名茶具和贴心专业的服务，每一个细节都会让人想把这里列为口袋里的秘密饮茶基地。

如果跟着好朋友一起来到这么专业的英式下午茶馆，当然不能错过丰富美味的三层点心层架。不过我最喜欢一个人享受招牌奶油茶套餐，充满奶油香气的司康外酥里嫩，与斯里兰卡乌沃茶一起享用就是补充元气的秘密武器。另外，我偶尔也会选择充满话题的皇室加冕鸡肉三明治，咸香咖喱与杏桃优格调和的爽口滋味，再搭配一壶锅煮奶茶就是令人心满意足的一餐。无论是午餐或下午茶、一个人或与三五好友，在这里都能轻松地享受悠闲时光喔！

店家资讯

- 地址：台湾省台北市北投区行义路 180 巷 5 号
- 电话：02-28753568（概念馆采用预约制，须先来电订位）
- 营业时间：周二～周日 11：00～18：00（周一休馆）
- 官网：www.cuttysark.com.tw

（照片提供：卡蒂萨克概念馆）

PART 3

时髦风尚茶生活——

提升品位、尽享茶趣 超人气茶品牌推荐

立顿、唐宁、红茶包，这或许是大多数人谈到红茶心中浮现的品牌或第一印象。其实红茶跟乌龙茶一样有产地、季节之分，也跟红酒一样还能更深入地讲究其庄园血统。

在这么多的红茶当中，

最容易入手的就是一罐罐包装美丽、个性鲜明的品牌红茶了。

无论是百年经典品牌，还是新兴的创意品牌，都各具特色。

除了认识品牌，本篇也介绍关于红茶不可不知的小知识，

以及如何挑选茶款搭配点心，更能喝出美味。

品牌茶是什么？

由各个公司调配的拥有自己独特风味的茶品，挂上品牌名称后包装出售，这就是品牌茶。而品牌茶最大的特性，就是运用专业的混调技巧，将原本单纯的红茶创造出新的个性面貌。

如果说产地红茶呈现的，是原为农作物的红茶因应天地的信息（例如气候、品种等自然因素）而展现出的纯粹魅力的大地风味，那么，品牌茶就是混调师与大地结合孕育而生的新时代滋味。

排除自然气候的因素，稳定且持续提供的相同的味道与较固定的价格，给予顾客信赖感；还有具质感的包装设计、时尚的风格，这些都可以说是品牌红茶的魅力。

在此精选十大人气茶品牌，并推荐各品牌的入门款或进阶鉴赏款，提供给红茶爱好者，通过不同品牌茶的品茗过程，享受红茶的多样风味。

红茶的风味与品质会因品种、产地、农园、采摘年度的不同而有所差异。其中，印度的大吉岭红茶、斯里兰卡的乌沃红茶和中国的祁门红茶，是世界公认的三大红茶。从清爽的大吉岭红茶、口感温润的祁门红茶，到香气浓郁的乌沃红茶，这三种茶款各具特色，也为下午茶带来不同的品饮乐趣。

经典贵族风尚

精致的包装、高雅的设计，还有不菲的价格，
令人感觉贵气十足的经典品牌，
就是会让人在特别的日子或是想要犒赏自己时品尝。
嗅一下就像能闻到幸福芬芳，也能秀出如同贵妇般优雅的生活品位，
这都是经典贵族风尚品牌红茶特有的浪漫魅力。

唐宁 Twinings

征服皇室与文艺界人士挑剔味蕾的极品红茶

在伦敦市中心的河岸街（strand）上，有超过300年历史的伦敦唐宁茶店。唐宁源于1706年，是英国最古老的红茶商；1717年在伦敦开设世界第一家专卖茶品的黄金狮茶馆，是当时文艺界人士争相造访之地，代代相传至今到了第九代，产品已行销全球96个国家。除了以良好的品质被封为英国皇室御用品牌之外，唐宁第三代传人Richard Twining更因成功影响了英国降低茶叶关税的功绩，造就了饮茶文化在英国的盛行，进而改变饮茶历史。唐宁在红茶业界是拥有极大影响力和极高地位的经典品牌。

1 伯爵茶 EARL GREY TEA

茶款特色 承继自格雷伯爵的混调配方，将佛手柑与中国红茶调和，浓郁的佛手柑香气与醇美的中国红茶口感形成的经典滋味，百余年来受到所有人赞赏，也奠定了伯爵茶成为英式代表红茶的地位。

原产地 中国

适饮方式 原味、冰茶、奶茶

2 仕女伯爵茶 LADY GREY TEA

茶款特色 以伯爵茶为基底，添加柠檬皮与矢车菊花瓣，柠檬果皮香气让经典伯爵茶更加清新，矢车菊花瓣则增添温和典雅的口感，是为优雅仕女们调制的浪漫茶品。

原产地 中国

适饮方式 原味、冰茶

DATA

- 品牌国别：英国
- 创立年代：1706

官网 / FB

- 官网：www.twinings.com.tw
- FB：zh-tw.facebook.com/twinings.tw

台湾何处购

- 各大百货超市、量贩店均售

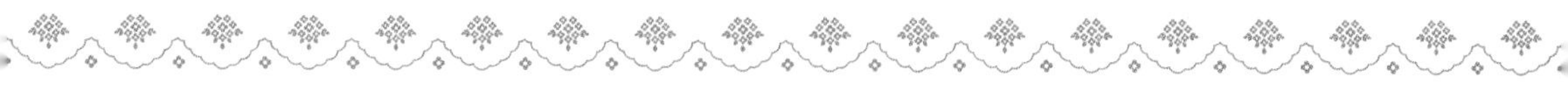

FORTNUM & MASON
PICCADILLY SINCE 1707

福特南－梅森 F&M

展现皇室贵族风范的经典红茶品牌

福特南－梅森 F&M（Fortnum & Mason）是英国皇室御用的知名高级食品品牌，由服务于皇室的梅森·修与福特南·威廉先生共同创立。福特南－梅森坚持提供高品质皇室专属食品之余，更着眼于体贴入微的服务，以人名为品名的经典食品，更透露出早期贴心调配专属个人口味的优质服务历史。福特南－梅森是英国皇室御用品牌，更是英国高品质食品的代名词。300 年来，福特南－梅森不受限于潮流，坚持直营，严格注重品质及周到的服务，更是让世人景仰这一经典传承的霸气魅力品牌。

1 皇家混调茶 ROYAL BLEND

茶款特色 19 世纪，由英国两大殖民地印度与斯里兰卡的红茶混调而成的醇美茶品，具有浓厚的口感与甜香，是典型的英式皇家红茶。

原 产 地 印度、斯里兰卡

适饮方式 原味、奶茶

2 福特南－梅森 FORTMASON

茶款特色 大胆调和世界三大红茶中的两款风格迥异独特的茶品——印度大吉岭红茶与中国祁门红茶，芬芳高雅的香气与恰到好处的口感，完美展现品牌的高格调与品味。

原 产 地 印度、中国

适饮方式 原味

DATA

- 品牌国别：英国
- 创立年代：1707

官网 / FB

- 官网：www.fortnumandmason.com
- FB：www.facebook.com/fortnums

台湾何处购

- 台北 SOGO 忠孝复兴馆 City Super BR4 超市

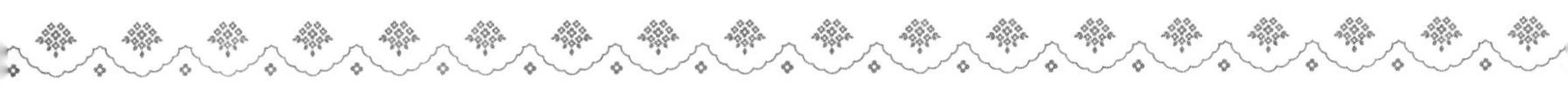

玛丽亚乔 Mariage Frères

传递百年历史的法国红茶骄傲使者

玛丽亚乔（也称为玛黑兄弟）可以说是代表法式红茶的专业品牌。自 19 世纪起，玛丽亚乔以贩卖高级茶叶、各式辛香料得到皇室青睐，奠定不可取代的品牌地位。经过 150 年，玛丽亚乔不仅在巴黎设立了红茶专门店，更以 32 个国家严选的茶叶混调出 450 种以上的茶品，不论是品质、产量还是高级的设计都堪称业界之首，成为新兴品牌争相模仿的对象。

1 创业纪念款 1854

茶款特色 用芬芳的茉莉调和中国茶品，呈现 19 世纪欧洲各国追求的中国红茶的绝美滋味。适中的茶品浓度与典雅柔和的香气，经过 150 年的考验仍然受到众人喜爱，完全呈现玛丽亚乔卓越的法式优雅。

原 产 地 印度、中国

适饮方式 纯茶、奶茶

2 金色山脉 MONTAGNE D'OR

茶款特色 以热情的南国热带水果调和典雅的中国花茶，俏皮的甜美香气中带着典雅花香，层次丰富，口味独特。

原 产 地 印度、中国

适饮方式 纯茶、奶茶

DATA

- 品牌国别：法国
- 创立年代：1854

官网 / FB

- 官网：www.mariagefreres.com
- FB：goo.gl/77nZhh

台湾何处购

- 台北 SOGO 忠孝复兴馆 City Super BR4 超市

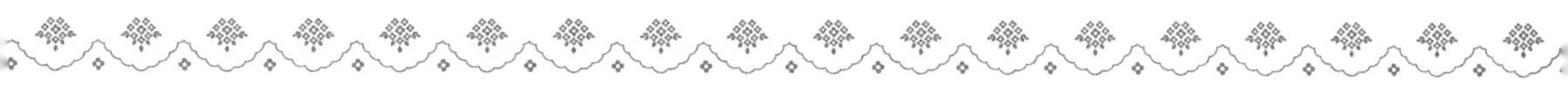

1854
HEDIARD
PARIS

赫迪亚 Hediard

表现卓越调茶师手艺的高品质红茶

源于法国高级食材行，并在巴黎玛德莲广场成立的赫迪亚品牌，以当时受欢迎的红茶、辛香料，以及进口水果的卓越品质与品味虏获了巴黎人的心。在知名的法国奢侈品协会（Comité Colbert）中也备受认同，是上流社会专属的食品品牌。后期更以掌握茶叶本质的知名品茶师为首，发展出添加各种高级果干及香料的风味红茶。目前拥有百种以上的茶品。

1 特调红茶 MÉLANGÉ HEDIARD TEA

茶款特色 以伯爵茶为基底，添加甜橙与柠檬，散发出清新香气。赫迪亚特调红茶让古典的伯爵茶呈现活泼可爱的新风味。

原 产 地 中国

适饮方式 纯茶

2 四水果茶 4 RED FRUITS FLAVOURED BLACK TEA

茶款特色 自然的莓果香气来自樱桃、草莓、覆盆子、红醋栗四种高级莓果，多层次的莓果香让酸甜鲜爽的好滋味更具魅力。

原 产 地 印度、斯里兰卡

适饮方式 纯茶、冰茶

DATA

- 品牌国别：法国
- 创立年代：1854

官网 / FB

- 官网：www.hediard.com
- FB：fr-fr.facebook.com/hediardparis

台湾何处购

- 诚品商场（例如台北敦南店、信义店）

TWG

充满高级香氛气息的高贵红茶品牌

走到哪里必定引起一阵旋风的TWG可以说是引领时尚风潮的先驱，从茶品、茶具到店装都是高贵奢华话题的制造者。TWG源自东西文化交流中心的新加坡，品牌以制作“全世界最好的茶”为宗旨，聘请来自欧洲老牌厂商的调茶师、品茶师以及品牌设计师，集结古老欧洲制茶的经验、技术等，拥有令人称赞的创新专业团队，调配出属于新时代的流行时尚滋味。TWG可以说是传承东西方贵族文化血统的新兴茶品牌。

1 1837纪念茶

茶款特色 以纪念1837年新加坡成为各种香料、茶叶的出口口岸为主题，调和各式水果花卉香料的茶品，芬芳微酸的好滋味让人印象深刻。用棉布缝制的茶包除了外形古典可爱，更蕴含着让茶叶完全舒展，纯棉布不抢茶叶香气的专业态度。

原 产 地 中国、斯里兰卡

适饮方式 纯茶、奶茶

2 奶油焦糖鲁比红宝石茶 CRÈME CARAMEL TEA

茶款特色 以南非国宝路易波士茶搭配焦糖奶油的甜美香气，独特的调香技术呈现出法式甜点般的高贵气息，没有咖啡因的柔和滋味，是孕妇也能安心享用的甜美茶品。

原 产 地 南非

适饮方式 纯茶、奶茶

DATA

- 品牌国别：新加坡
- 创立年代：2008

官网 / FB

- 官网：www.twgtea.com
- FB：www.facebook.com/TWGTeaofficial

台湾何处购

- 台北微风广场、101商场

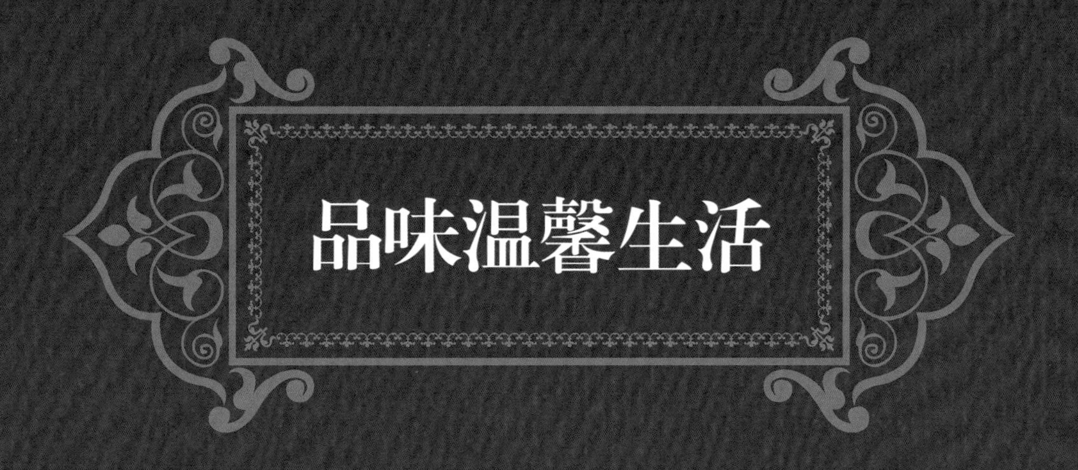

简洁的包装、方便的设计，不论是解渴茶饮或是餐点搭配，
在日常生活中，是任何时刻都能享受悠闲的重要良伴。
喝杯红茶开始一天的作息，
节奏规律，像养分般地支持着踏实的每一天。
令人安心、熟悉的温馨滋味，就是这些品牌红茶带给人的生活力量。

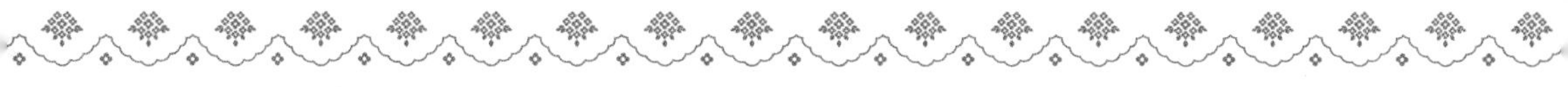

立顿 Lipton

世界上最受人喜爱的红茶品牌

立顿原本是英国知名的食品材料商店，以产地直送的便宜价格提供高品质的商品，是立顿商店受欢迎的原因。1891 年，创办人汤姆斯·立顿先生前往斯里兰卡，购买属于立顿的茶园，并调制专属的立顿品牌红茶，以更优惠的价格提供红茶。一推出即轰动，更主打“从茶园直达茶壶的好茶”（Direct from tea garden to the tea pot）这样的广告，宣告新全民饮茶时代的到来。

无论贫富，每一个人均可以轻松品饮的立顿红茶，也是让英国红茶的美味扬名海外的重要推手。立顿除了被认定为皇室御用品牌，1898 年维多利亚女王还授予创办人汤姆斯·立顿先生“Sir”的爵士称号，成为红茶业界最为人津津乐道的荣耀事迹之一。

推荐茶款

1 黄标茶包 YELLOW LABEL TEA

茶款特色 浓淡适中的黄标立顿茶包，茶汤入口滑顺略带甜香茶味，是喝再多都不腻口的茶款，更是最佳去油解腻的佐餐饮品。

原 产 地 斯里兰卡

适饮方式 纯茶、奶茶

2 特级斯里兰卡红茶 CEYLON

茶款特色 来自斯里兰卡的立顿茶园，以青罐包装，香气浓郁是一大特色，完美呈现斯里兰卡红茶的滋味。

原 产 地 斯里兰卡

适饮方式 纯茶、奶茶

DATA

- 品牌国别：英国
- 创立年代：1890

官网 / FB

- 官网：www.liptontea.com
- FB：www.facebook.com/LiptonUS

台湾何处购

- 各大超市、量贩店、便利店均售

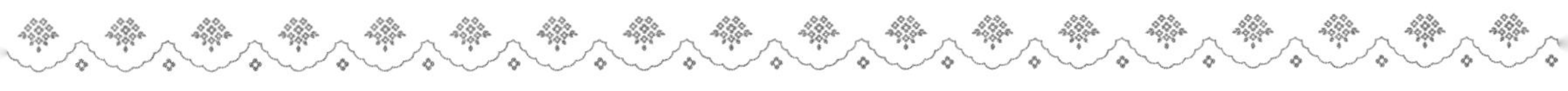

泰勒 Taylors of Harrogate

传递英格兰传统浓郁滋味

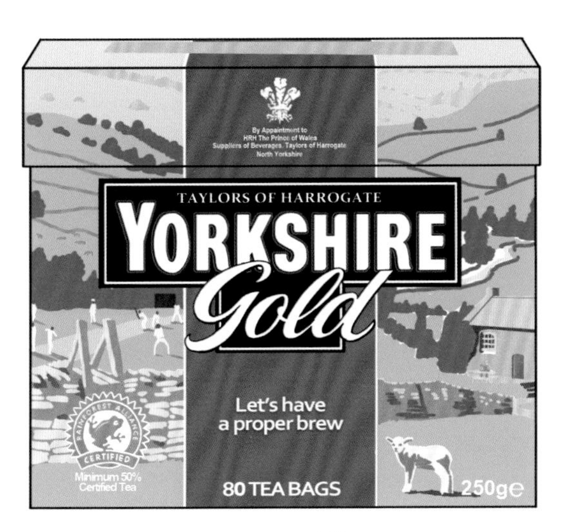

泰勒创立于英格兰东北部的约克郡（York），自维多利亚时代就受到皇室喜爱。泰勒强调水质与茶叶的重要关系，并以水质为基准调配出适合英国各地的茶品，更以拥有知名的贝蒂茶馆（Betty's Cafe Tea Room）、提供精致的下午茶服务为荣。除了饮茶，泰勒是对于享受下午茶有一番独到见解的全方位下午茶品牌。

1 早餐茶 ENGLISH BREAKFAST TEA

茶款特色 以斯里兰卡、印度、非洲等地的茶叶调和出的泰勒英式早餐茶，有着浓郁的香气与浑厚的口感，充分显现出英式早餐茶的特性，是广受欢迎的英国代表口味。

原 产 地 斯里兰卡、印度、非洲

适饮方式 纯茶、奶茶

2 约克郡茶系列 YORKSHIRE TEA

茶款特色 浓郁却柔和的口感，打破了英国茶普遍涩味重的刻板印象。以英国乡村生活饮品的朴实感为调配准则，深受英国王储查尔斯王子的喜爱，并获得皇家认证，得以挂上皇冠标志，当然也虏获一大批英国茶迷的心。

原 产 地 斯里兰卡、印度

适饮方式 纯茶、奶茶

DATA

- 品牌国别：英国
- 创立年代：1886

官网 / FB

- 官网：www.taylorsofharrogate.co.uk
- FB：goo.gl/WJ8g6k

台湾何处购

- 网上商城

帝玛 Dilmah

来自纯净红茶大国的新鲜滋味

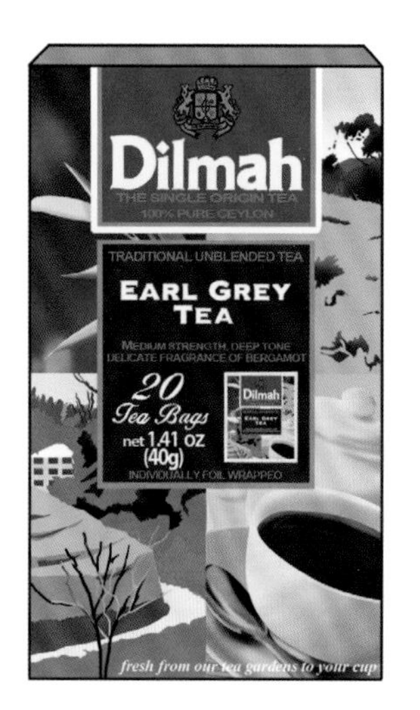

帝玛是斯里兰卡第一个产地品牌，创立人美林·J. 费南多（Merrill J Fernando）年轻时曾在伦敦习茶，也看见了家乡茶农的辛勤成果被大型跨国公司层层剥削。为了改变这一不公平现象，他努力将近半世纪，终于在 1988 年创立帝玛品牌，帮助家乡茶农摆脱贫困，同时提供高品质的茶叶给消费者。帝玛强调只选用当地纯斯里兰卡红茶加以调和，善用产地优势强调新鲜滋味，在收获两周内立即包装出货。帝玛红茶在短短 20 多年间就已销往全球 90 余国，亦是各大航空公司爱用的茶款。

推荐茶款

1 古典斯里兰卡红茶 PREMIUM QUALITY

茶款特色 充分代表帝玛茶新鲜特色的红茶，口感清新芳醇。

原 产 地 斯里兰卡

适饮方式 纯茶、奶茶

2 格雷伯爵红茶 EARL GREY TEA

茶款特色 传统以中国红茶当作基底茶的古典伯爵茶，帝玛大胆改用斯里兰卡产地茶作为调配基底，柔和的斯里兰卡红茶让佛手柑的香气特别突出，呈现另一种清新魅力。

原 产 地 斯里兰卡

适饮方式 纯茶、奶茶

DATA

- 品牌国别：斯里兰卡
- 创立年代：1988

官网 / FB

- 官网：www.dilmah.com.tw
- FB：goo.gl/Wy8Adl

台湾何处购

- 各大百货超市均售

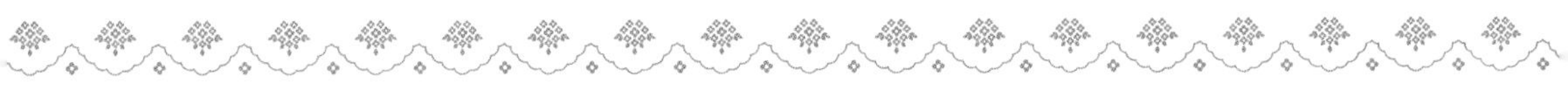

日东红茶 Nittoh

日本第一的国民品牌茶

日东红茶是日本第一个国产红茶，早期以三井红茶为名。日东红茶自中国台湾运送高品质茶叶到日本，针对日本水质，以特别纤细敏感的味觉调配出适合日本人口味的红茶，是日本人最熟悉的红茶品牌，在推动红茶在日本的发展方面有着不可取代的历史地位。近几年，日东红茶这样的口味同样引起亚洲买家的青睐，现在已成为代表亚洲口味的红茶品牌之一。

推荐茶款

1 浓醇红茶

茶款特色 以阿萨姆与斯里兰卡混调茶调和而成，久泡也不涩口、浓郁香甜的重味红茶。

原产地 印度、斯里兰卡

适饮方式 纯茶、奶茶

2 DAILY CLUB

茶款特色 选用斯里兰卡、印度红茶，有丰富茶香，是日本最常见的红茶茶包。

原产地 印度、斯里兰卡

适饮方式 纯茶、奶茶

DATA

- 品牌国别：日本
- 创立年代：1930

官网 / FB

- 官网：www.nittoh-tea.com

台湾何处购

- 各大百货超市均售

卡蒂萨克 Cutty Sark

随时都能轻松享受红茶文化的品牌

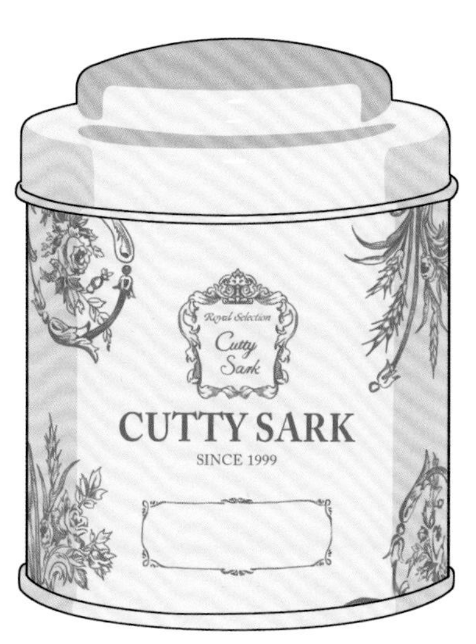

卡蒂萨克红茶，其名取自红茶黄金时代之“卡蒂萨克号”运茶船。卡蒂萨克创始于1999年，并于同年成立英国茶馆（LONDON TEA HOUSE），以传达红茶文化与随时都能享受红茶生活为经营理念，从原产地直接输入各种产地茶，精心调配各式适合亚洲人口味的风味茶。卡蒂萨克更重视红茶文化教学，希望能通过各种学习与交流，将红茶的生活文化与知性人文介绍给每一位爱茶人。

1 经典伯爵 CLASSIC EARL GREY

茶款特色 以蓝芙蓉、金盏花、橙皮等花果融合佛手柑香气，柔和协调的滋味，改变伯爵茶强势浓烈的特点，是最受欢迎的超人气商品。

原产地 斯里兰卡、印度

适饮方式 纯茶、奶茶、冰茶

2 伯爵夫人 COUNTESS

茶款特色 以维多利亚时代的贵夫人为创作原点，在经典伯爵茶中添加玫瑰花瓣，融合佛手柑与优雅玫瑰花的香气，交织出宛如伯爵夫人般的高雅滋味。

原产地 斯里兰卡

适饮方式 纯茶、奶茶

DATA

- 品牌国别：中国
- 创立年代：1999

官网 / FB

- 官网：www.cuttysark.com.tw
- FB：www.facebook.com/CuttySarkTea

台湾何处购

- 卡蒂萨克各茶馆门市

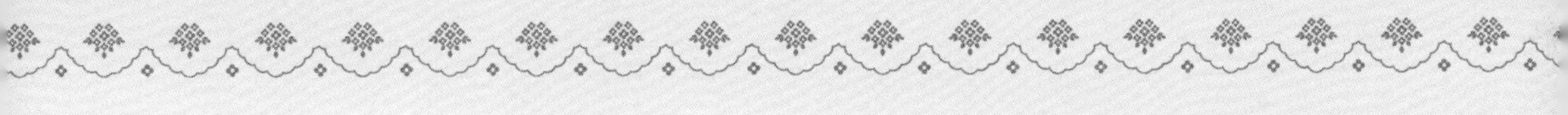

造型多样的红茶包

袋装红茶俗称“红茶包”。茶包最早出现在 20 世纪初，一位英国的茶商人，因为客户众多，没有办法一一说明适当的茶叶用量，于是将适量茶叶包在棉布袋中交给客户试饮，无意中发现直接冲泡棉布袋装茶叶，冲泡出的茶汤不但美味，而且只要装对分量，任何人都能泡出好喝的红茶，冲泡后更只要直接丢弃棉布茶袋即可，不需滤茶器具。袋装茶叶因为简单方便而开始盛行，后来美国的茶商人将其开发成为现在大众所知道的茶包。

以往茶包总给人一种亲切的生活感，可以在办公室的茶水间看见它，在速食店提供热红茶的纸杯中找到它，也常出现在厨房煮茶叶蛋的锅里……轻松方便是大家选择茶包的主因，因为如此，红茶包似乎很难跟高雅的英式下午茶扯上关系。

不过在近几年，做工精巧的高级茶包越来越多，也开始被使用在正式的下午茶中。尤其是茶包棉线上的品牌标签，让茶叶即使泡在壶中，依然能显现出身尊贵，啜饮这样的高级茶品并获得幸福感，似乎成为享受下午茶的环节之一。虽然滤纸茶包因价格公道被广泛使用，但传统的棉布茶包以其手工缝制、复古可爱的造型再度受到欢迎，茶包也因多变化的外形、优雅的质感，成为另一种时尚的伴手礼。现在茶包不再平凡，反而成为红茶市场上的新宠儿！

▲ 茶包从以往的棉布材质，发展出不织布、滤纸、尼龙等新材质。此外，趣味造型的茶包，也成了令人惊喜的礼物

轻松成为红茶达人的四部曲

冲泡红茶难吗？只要丢下茶包加上热水就可以了？

如果只把红茶当成解渴饮料，那就太可惜了！别忘了英式红茶可是来自优雅的维多利亚时代，但是要怎么喝才能更有品位，更贴近英式风雅？

以下这个章节将告诉你，在丢下茶包之前，一些你一定要知道的红茶知识。想要真正品味红茶生活，跟着以下四个主题快速掌握精华小窍门，成为红茶达人吧！

红茶小常识 1

红茶、绿茶、乌龙茶有何不同？

红茶、绿茶、乌龙茶有什么不同？如果单纯以水果干燥、变成水果干的概念来想茶叶，就很容易认为茶树不同，所产的茶品就不同。红茶由红茶树叶干燥制成？绿茶由绿茶树叶干燥制成？

▲ 不发酵的绿茶，茶汤色泽清绿，且口感微涩

其实，简单来说，红茶、绿茶、乌龙茶最大的分别，不在于茶树品种，而在于茶的制作过程。制茶的原料来自茶树，采摘自茶树的叶子称为“茶菁”（也称为鲜叶）。制茶过程中，将茶菁揉捻后放置，让其“发酵”的这个过程对于茶滋味会产生重要影响。发酵时间越长，茶品口感越醇厚，香气由草青香转换成甘甜香或果香也越明显，因此发酵程度是决定茶滋味的重要因素。也就是说，同一种茶叶采摘后，可以根据需求决定发酵程度，进一步制成绿茶、乌龙茶或红茶。

当然，除了发酵、茶树品种、制作环境、工法等，一点一滴的因素都是决定茶美不美味的条件。从以上的介绍来看，可以大概将茶分成不发酵茶、半发酵茶和全发酵茶。

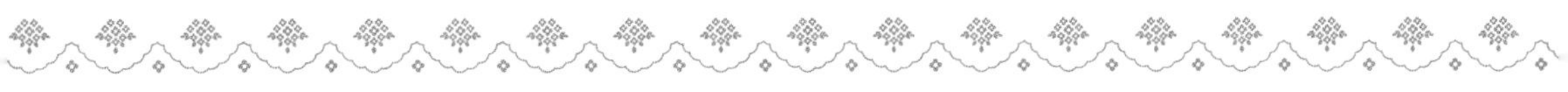

▲ 乌龙茶的茶汤偏橘红色，口感温润，带有花果香

◎绿茶→不发酵茶

通常利用高温来抑制发酵作用。绿茶是最接近茶叶原生滋味的茶款，带着绿草清香，茶色偏绿并带着苦味。口感微涩是绿茶的特色。

▲ 全发酵的红茶，茶汤呈红褐色，口感甘醇，香气十足

◎乌龙茶→半发酵茶

在制作过程中，茶叶发酵到一半就阻断发酵作用，可通过控制发酵程度来决定茶品风味。乌龙茶也是变化最多的一种茶款，像发酵程度低的翠玉、发酵程度高的铁观音，都属于乌龙茶。大多数的乌龙茶茶汤颜色橘红淡雅，带着丰富的花果香气。口感柔和是乌龙茶受欢迎的主因。

◎红茶→全发酵茶

全发酵茶，属于熟成茶款，干燥的茶叶颜色暗黑，茶汤多呈红褐色，带有熟果的蜜糖香气，口感醇厚甘甜却不腻口，深受各国喜爱，也是普及度最广的茶款。

带有诱人香气的红茶是如何制作出来的呢？目前流通在市面上的红茶制法有许多种，最传统红茶的制作过程大概为：采摘→萎凋→揉捻→发酵→干燥→分级，共六个阶段。

红茶英文名为“black tea”，命名取自干燥茶叶的偏暗黑色外观，而中文名“红茶”则因茶汤呈红褐色而来。

茶的种类

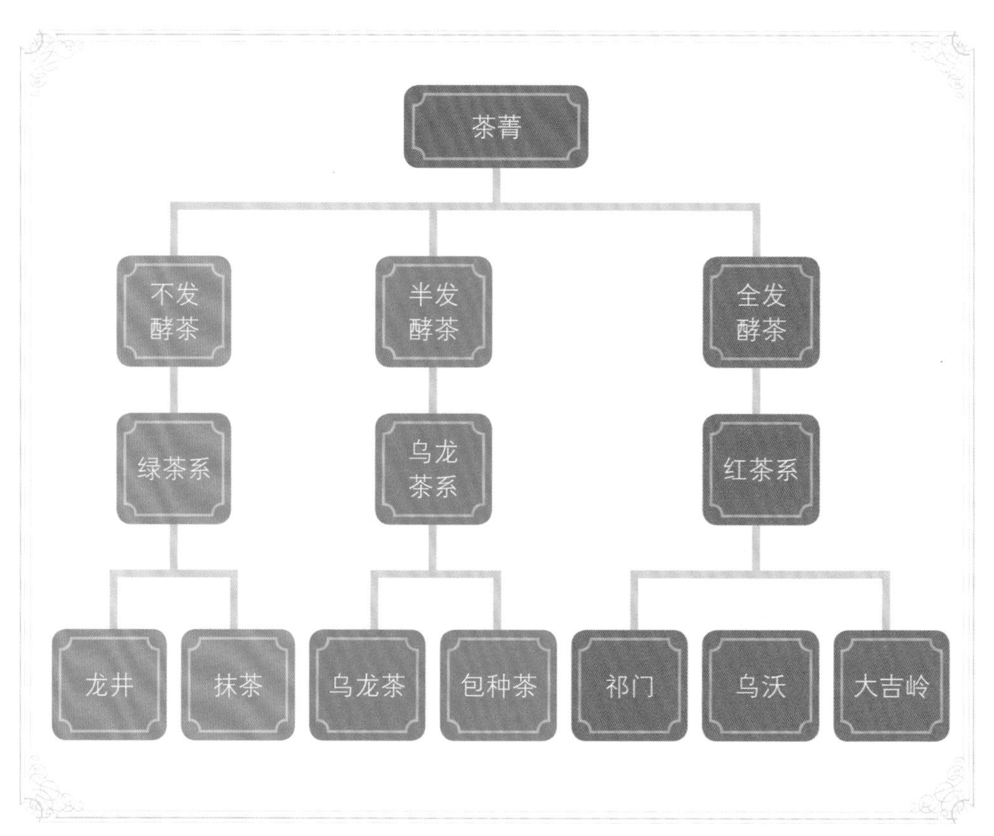

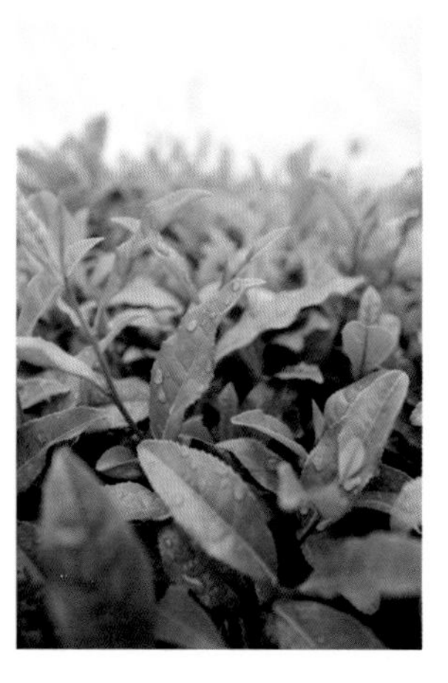

1 采摘

多为采摘一芽二叶。传统红茶的采摘标准为选取茶树顶端嫩芽一芽二叶，有时也会因为嫩芽叶含量高，进而采摘一芽三叶或一芽四叶。含有丰富香气的鲜嫩芽叶，通常是采摘的第一选择。

2 萎凋

将采摘后的嫩芽放置于萎凋槽中使其自然散失水分，而脱去水分也让叶片变得柔软，有利于后续揉捻的过程。

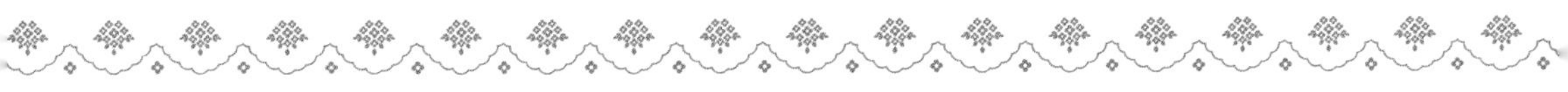

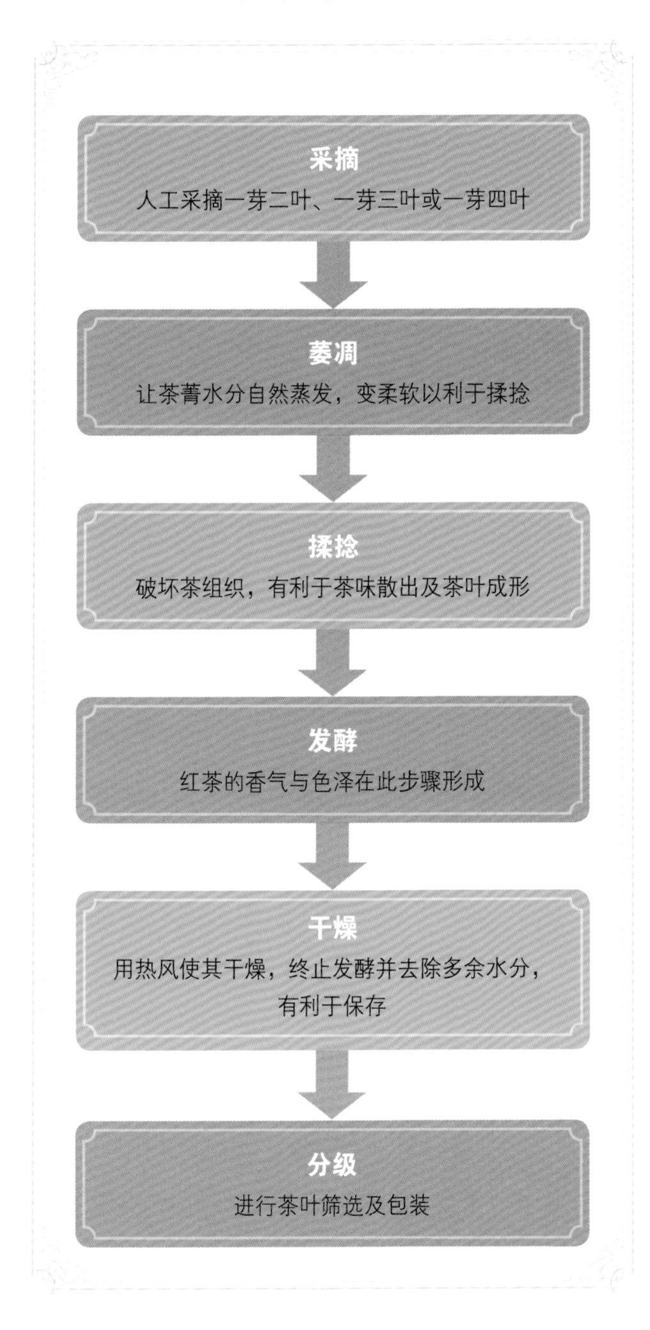

3 揉捻

将水分已散失的茶叶进行揉、压等操作，破坏茶叶的细胞组织，让芽叶因受到外力而外溢的茶汁附着于茶叶表面，进而加速氧化作用。

4 发酵

将揉捻后的茶叶放置于高温、高湿的环境中，让茶叶中的酶与空气发生氧化作用，这个过程就是发酵。发酵作用决定了茶品冲泡时所呈现的汤色、香气与滋味。

注：这里的发酵指的是茶叶中的汁液与空气结合后自然产生的化学变化，与纳豆或豆腐乳以乳酸菌发酵的过程略有不同。

5 干燥

用热风使茶叶干燥。高温的干燥过程，最重要的作用是终止发酵、锁住茶叶香气，以及降低湿度便于保存。

6 分级

筛选叶片大小一致的茶叶，将其分类后包装。

红茶小常识 2

茶叶等级如何分辨?

茶叶等级，虽然说是等级，但在这里指的并不是品质、水准与美味的标准，而是为了区分茶叶的形状、尺寸所设定的辨别方式，依照茶叶大小主要分为 FOP（Flowery Orange Pekoe）、OP（Orange Pekoe）、BOP（Broken Orange Pekoe）、F（Fannings）等。分级是因为茶叶的大小会直接影响冲泡时间的长短和风味的浓郁程度。

了解以下三种常见的等级，是轻松掌握冲泡时间与如何品尝的关键要素!

不同等级茶叶的比较

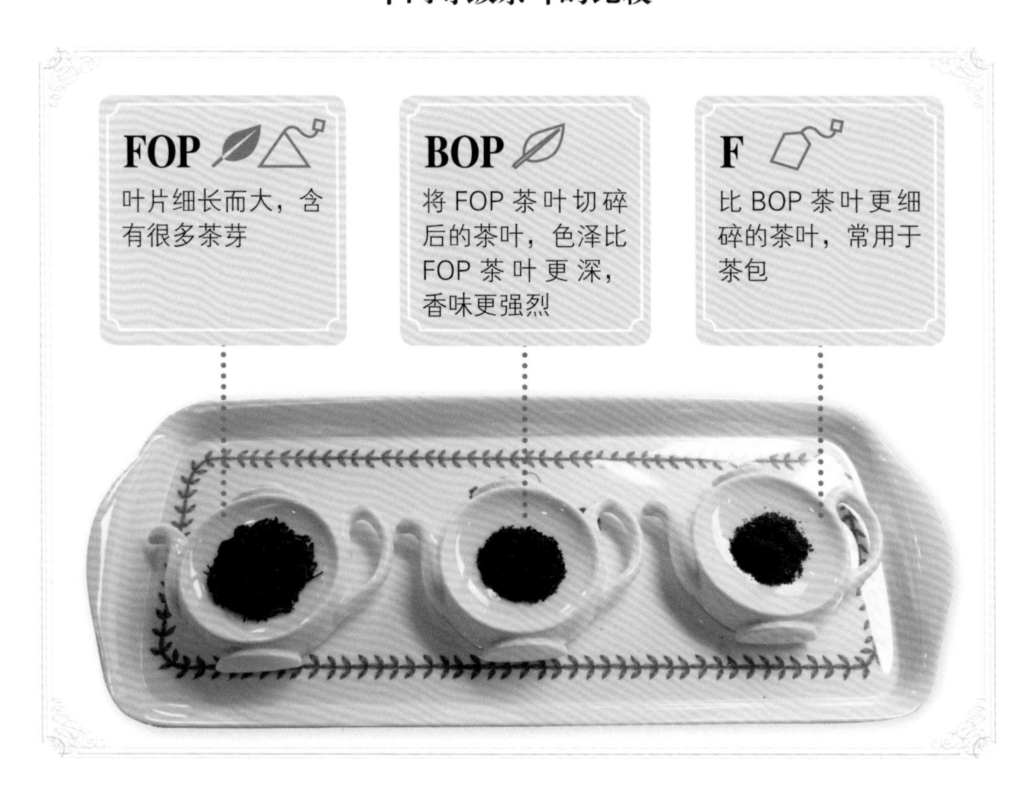

◎ FOP（花橙白毫）

Flowery Orange Pekoe，选用位于茶树顶端，茶芽毫尖色泽橙黄、带有花般香气的大量嫩芽作为原料所制成的全叶茶，长 20~30mm，适合原味品尝。

◎ BOP（碎橙白毫）

Broken Orange Pekoe，多以茶芽以下的第二叶碾碎后制成，长 2~3mm，茶叶呈细碎形态，滋味浓郁，能快速冲泡出茶的滋味，原味及奶茶都适合。

◎ F（碎茶末）

Fannings，比碎茶更加细小，多用于茶包，长约 1mm，能快速冲泡出茶汤，是最快速方便的茶品，原味及奶茶都适合。

茶包常用的茶叶等级

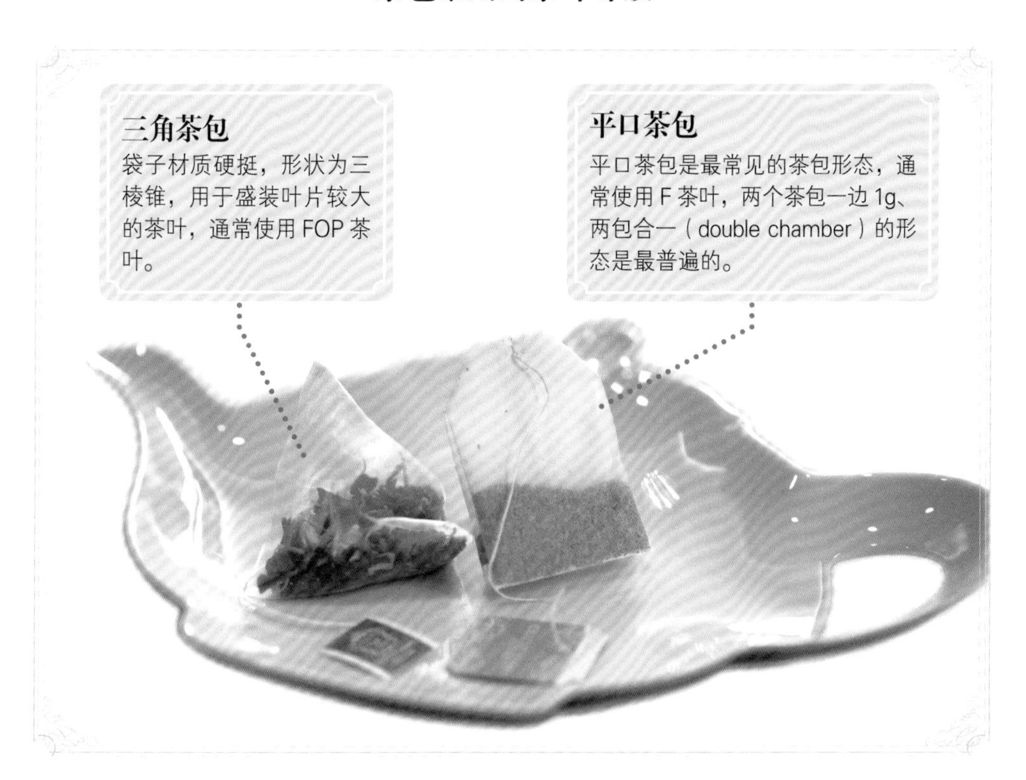

茶叶不同部位的名称

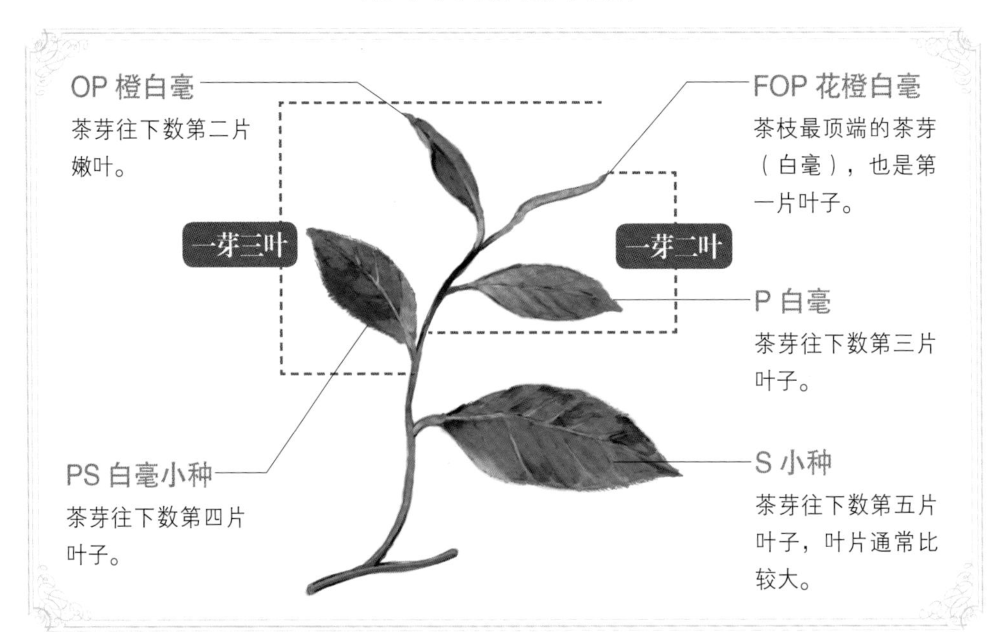

茶叶分级表

分级	名称	说明
FOP	花橙白毫 Flowery Orange Pekoe	指 OP 等级的嫩茶叶中含有很多茶芽，全叶茶，茶芽越多，等级越高
OP	橙白毫 Orange Pekoe	茶芽以下的第二片叶子或对叶，因接近顶端的嫩芽而比其他叶子更接近橙黄色，故名
P	白毫 Pekoe	比 OP 稍老的叶子，叶片通常较短，是红茶采摘的基本标准
S	小种 Souchong	茶芽往下数第五片叶子，成熟的大叶片
BOP	碎橙白毫 Broken Orange Pekoe	Broken 代表碎型。将 OP 等级的茶叶切碎，含有大量茶芽
BOPF	碎橙白毫片 BOP Fannings	由 BOP 再切碎的茶叶，所冲出的茶汤更浓
F	碎茶末 Fannings	茶叶比碎茶更细，多用于制作茶包
D	茶粉 Dust	茶叶筛选后从筛盘上掉落的茶粉末，尺寸最小

▲ 产地茶以原产地的地名来命名，以彰显其风土特色

▲ 在红茶中添加香草、花卉、果干等材料，形成口感、香气独特的风味茶

红茶小常识 3

产地茶、混调茶、风味茶有何不同？

红茶的产地遍布全球，各地的土壤、气候等自然环境的不同，造就了滋味、香气各异的红茶；混搭不同产地的茶叶，或是加入果干、花朵、香草等材料，让红茶的风味更加千变万化。以下介绍常见的红茶种类（关于常见红茶种类的特色、风味，请参考“附录1　常见红茶特色说明表”）。

◎产地茶

产地茶是以原产地地名为品名的茶品，不与其他茶叶混调，只呈现最原始的产地茶原味。知名的产地茶有：印度大吉岭、印度阿萨姆、斯里兰卡乌沃、斯里兰卡康提、中国祁门、中国正山小种等。

◎混调茶

混调茶是以两种以上的产地茶加以混调而成的茶。通常这类混调茶为了呈现优于纯产地茶的滋味或特殊目的而调整搭配。

例如英式早餐茶，为了搭配早餐饮用而调整，原则上会以有利于降低餐点油腻感，且因应英国人早晨喜爱喝奶茶的特点而特别适合调配成奶茶的茶叶为基准，所以英式早餐茶通常为滋味浓厚的茶款。

◎风味茶

以红茶为基底，加入干燥水果、香料、花卉、精油等材料加以调配而成。例如大家熟知的伯爵茶，就是以中国红茶为基底，加入佛手柑精油熏香的知名茶款。

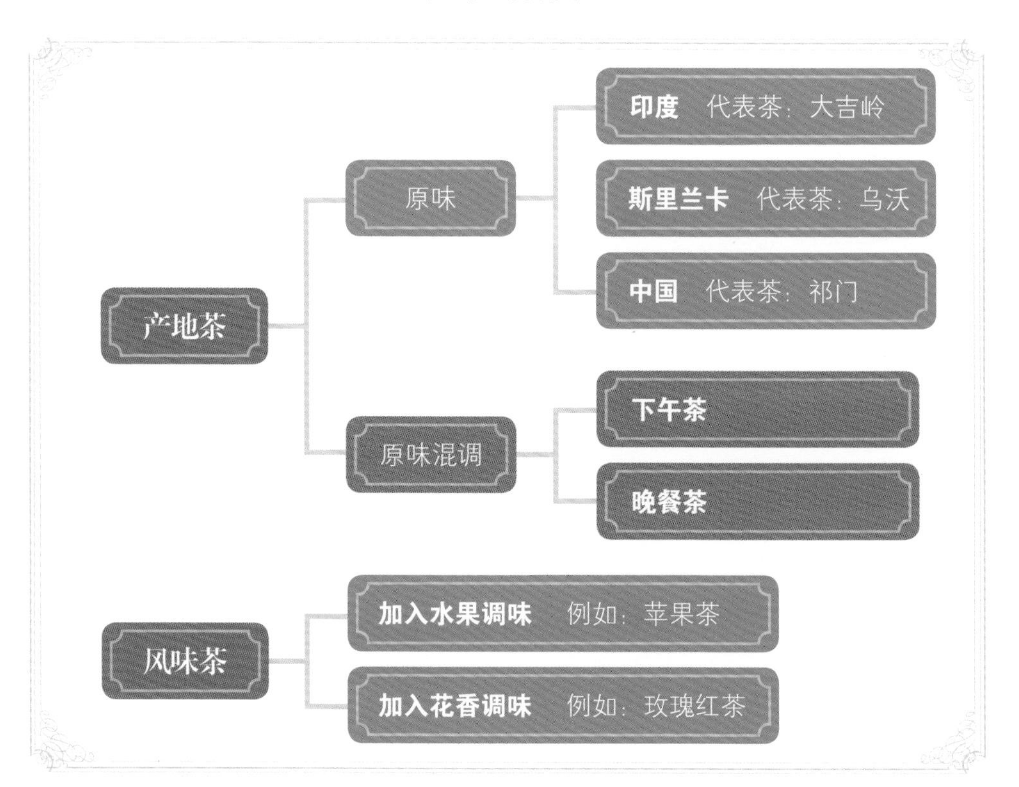

红茶小常识 4

如何挑选茶款搭配点心？

对于一般人来说，红茶总是跟甜点连在一起的。但其实红茶的成分与红酒非常相似，主要成分“茶单宁”对于食物中所含的油脂成分具有良好的分解效果，茶单宁能使口腔一直感觉清新，不易产生腻口的感觉，所以几乎任何食物都可以搭配红茶享用。而且红茶冲调方式多变，也是所有茶类（红茶、绿茶和乌龙茶）中能最轻松地与各种餐点搭配的一种茶品。

现在市面上流通的原味产地茶或混调茶约有 20 款，风味茶更是有将近 200 款，如果再加上红茶多变的冲泡方式（原味茶、奶茶及冰茶），就有上千款变化，要依每一款的特性来说明如何搭配餐点是很困难的，再加上饮食习惯不同，搭配时的考量点也会跟着不同。例如，习惯以整体平衡做考量，点心滋味优先或者茶风格优先，这些因素都会让搭配方式有所改变，其中的学问虽然复杂，但仍可依以下的原则来了解。

1 如果你最讲究均衡感

那么就选用茶与点心特性相似、整体平衡的搭配方式。

◆清爽的茶搭配清爽的点心→例如：大吉岭红茶搭配戚风蛋糕。

◆味浓的茶搭配味浓的点心→例如：阿萨姆奶茶搭配巧克力蛋糕。

2 如果你是甜点控

可以选择清新爽口的茶品搭配味道浓郁的点心。爽口茶品不但能消除口中油腻，更是促进食欲、突显点心滋味的好帮手。

◆爽口的茶搭配味道浓郁的点心→例如：斯里兰卡汀布拉茶搭配肉桂糖霜蛋糕。

3 如果你是爱茶人

推荐选择能为茶加分、突显茶汤滋味的甜点为搭配主体。

◆味道浓郁的茶搭配味道柔和的点心→例如：斯里兰卡乌沃奶茶搭配原味司康。

如果以上的原则对你来说还是太过复杂，那么就对照“附录2　红茶搭配大师——与各种食材的搭配指南”，从品尝方法、茶款特性、点心分类这三个方面对比搭配，应该会简单许多！

1 品尝方法

品尝方法常见的有原味茶、奶茶、冰茶、冰奶茶四种。

2 茶款特性

茶款特性可大致分成爽口型、温润型、浓郁型、特殊香气型四种。

3 点心分类

点心可分为油脂成分较少的爽口点心、奶油成分较多的点心、巧克力、起司、油炸点心、肉制品等。

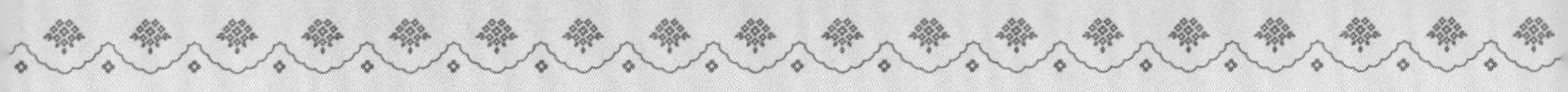

福特南-梅森（F&M）竹篮——百年人气不减的伴手礼

1707 年创立的福特南 – 梅森（F&M），不只有专业红茶令人赞赏，很难想象，在 300 年前福特南 – 梅森就有着比起现代商业毫不逊色的营销软实力，许多传奇事迹就像时代剧一样精彩。

乐于成为马车夫的好朋友

1710 年左右，身为皇室御用龙头百货品牌的 F&M，对于服务皇室贵族的各种技巧自有一套精辟的见解，但 F&M 并没有满足于现状，为了获得更广大的贵族顾客群，F&M 把眼光转移到驾着马车载着贵族夫人消费的马车夫身上。鉴于交通混乱，F&M 百货发现能够快速顺利地让来到门前的贵族下车购物，方便停车的设施是很重要的，所以设置了大型停车场，并提供舒适的空间和饮品让马车夫们在等待主人购物时也能轻松休息，更进一步提供照顾、刷洗马匹的服务，对于看似没有消费能力的马车夫族群照顾得无微不至，结果当然得到了马车夫的一致赞赏。

不过，此举在当时阶层分明的保守社会上引起一阵议论。F&M 无视同业的质疑，深知虽然居于下位但某种程度上掌握行动方向的车夫，就是另一种促进消费的重要宣传对象，只要有机会，车夫一定会向主人推荐对自己最方便有利的 F&M 百货。事实也证明有了停车场的设施之后，F&M 百货的业绩蒸蒸日上，还得到

▲ 创立于 1707 年的福特南 – 梅森百货，至今仍在伦敦皮卡迪利大街 181 号（照片来源：维基百科 wikipedia.org）

了“无论你是谁，来到F&M就能享受品位生活”这样的好评。这一点也让后期崛起的、憧憬生活品位的中产阶层优先选择 F&M 百货，其延伸出的商业效应是难以估计的。

翻身成为温情象征的品牌

此后的 F&M 一帆风顺？那可不是！

1914 年第一次世界大战开始，整个英国社会陷入愁云惨雾的状况。战争使百业萧条，F&M 百货当然也身陷泥沼，尤其在社会动荡时，贵族在舆论压力下不敢过于贪图自身享受，也严重冲击了服务奢华贵族的 F&M 百货。

F&M 并没有因为无法掌控时代因素而畏缩，反而积极寻找转型的机会。此时 F&M 观察到店里带着浓厚英国当地特色的罐头类可长久保存的食品的销售量攀升，进而发现，人们为了作战而不能回家的亲人，将此类可长久保存的食品寄到战区给前线作战的战士。于是 F&M 绞尽脑汁克服困难的运送条件，将英国家乡风味的肉类罐头、果酱、红茶等食品，装在绣有大大的 F&M 品牌的竹篮里送到前线，以传递家乡温暖的品牌形象大方进入前线战场，不但开拓了新的生意模式，更摇身一变摆脱战争时刺眼的奢华印象，成为关怀前线、提振士气的温暖大使。F&M 品牌也跟着竹篮传到更多的地方，品牌知名度因此自然拓展开来。

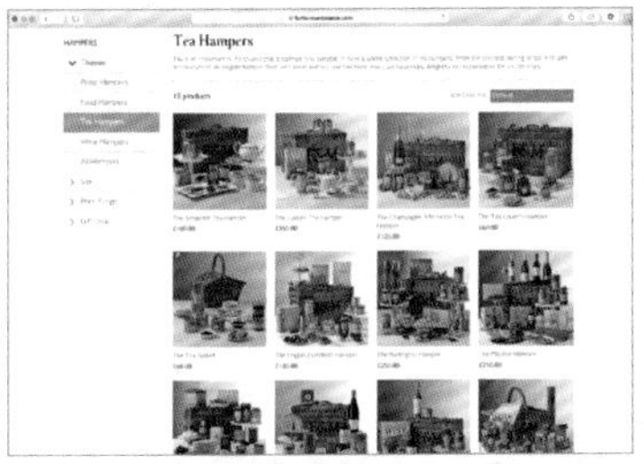

▲ 在 F&M 的官网 www.fortnumandmason.com 可以看到多样化的竹篮礼盒

满足每个人心中对品位生活的渴望

直到今天，走进 F&M 百货依然很容易找到各种尺寸的 F&M 竹篮。装着更多样化商品的竹篮，现在则以神秘温暖之姿热卖，经过百年，仍是 F&M 最受欢迎、高贵的伴手礼。

不论是创新的停车场或是转变形象的温暖礼物篮，不得不佩服 F&M 营销的独到眼光。我想 F&M 能领先其他品牌更快找到创新的商业模式，很重要的原因在于做商业之前对于人文生活的细腻观察。英国人事事讲究对优雅生活的坚持，就算地位低下或在兵荒马乱的大时代里，能够满足每个人心里对于品位生活的渴望，或许就是 F&M 屹立不倒的成功之道。

▲ F&M 豪华版下午茶组的竹篮礼盒

PART 4

属于你的一周下午茶——独享或分享皆美好的红茶滋味

来杯下午茶，可以是一个人的生活小幸福，
或是两个人的甜蜜约会，也可以是三五好友联络情谊的愉快时光，
甚至是亲友相聚同欢的美好盛会。
而红茶的多样变化，
搭配各式点心甚至正式餐点，更增添饮食风味。
如何冲泡美味红茶，品味出细致的茶滋味？
红茶又如何变化成冰茶、奶茶乃至风味茶？
本篇介绍泡出好喝红茶的要领、变化成调味茶的趣味，
以及如何设计一周的下午茶菜单，天天都能享受悠闲的下午茶时光。

维多利亚品茶法

想要学习冲泡正统英国红茶，就要先了解来自英国维多利亚时代，被所有仕女奉为红茶圣经的“黄金法则”。当时为了让所有人都能正确享受原本专属于上流社会的美味红茶，而发展出的这个简单易懂的红茶冲泡方法，至今已传承超过200年并遍及各个国家，是适用于各式红茶的美味秘诀。

冲泡红茶的黄金法则四要素

1 挑选上好的茶叶并正确计量。

2 加入新鲜沸腾的热水。

3 将茶叶闷于杯中或壶中。

4 将茶水一滴不剩地倒出。

（最后一滴红茶被视为最美味的茶汤，又称黄金滴！）

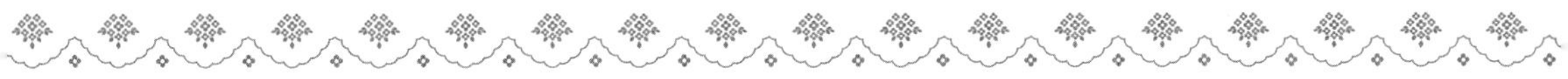

细说黄金法则

冲泡好喝红茶的第一步就是选择优质的茶叶并正确计量。不同等级的茶叶所需要的冲泡时间并不相同，所以了解红茶的等级及计量方法就是冲泡出好喝红茶的第一步。

在冲泡红茶之前，绝不可以忘记先将茶壶、茶杯温热，除了可以让茶水温度不易下降之外，还可以充分地勾出茶的香气及味道。

刚从水龙头流出的水，新鲜且富含空气，煮沸后马上使用最好。加入茶叶及新鲜沸腾的热水，遵守正确的冲泡时间，让茶叶慢慢地释出味道及香气。在等待的过程中，记住加上保温茶罩，不让冷空气使茶水温度下降。在充分浸泡之后，就可以拥有一壶好喝的红茶。

红茶冲泡完成后，应使用滤茶器完全地过滤茶叶，并将茶水一滴不剩地倒出，因为最后一滴茶凝聚了最浓郁的红茶风味，又被称为“黄金滴（golden drop）”！

终于到了享用红茶的时间了，别忘了准备牛奶、砂糖、柠檬，可以适时地添加进红茶中，品尝不一样的红茶风味；也可以配上各式茶点，让下午茶时光更加精彩丰富。

1 糖和牛奶是红茶的好伴侣，可以创造不同的红茶风味

2 柠檬可以增添红茶香气，将其切片放入红茶中，稍加搅拌即可取出

泡红茶的基本器具

工欲善其事，必先利其器。想冲泡一壶好茶，好用的泡茶器具自然不可少，以下介绍常见的泡茶器具。

茶壶

材质以保温性佳的陶瓷为优。选择圆形、宽大的茶壶，注入热水时有利于茶叶充分伸展、上下翻动。耐热玻璃壶因方便观察茶叶量及水量，也广受欢迎。

茶杯与茶托

红茶多半香气清雅，以杯缘外扩、容易散发香味的杯型最为适合。装热茶的茶杯烫手，使用茶托可便于端取，而成套的茶杯及茶托更为赏心悦目。

茶叶量匙

以有较深凹槽、容易舀取茶叶的造型为佳。

计时器（沙漏、电子计时器）

举行茶会时可以选择优雅的沙漏增添气氛；平时则可选有提醒功能的电子计时器，精准计时。

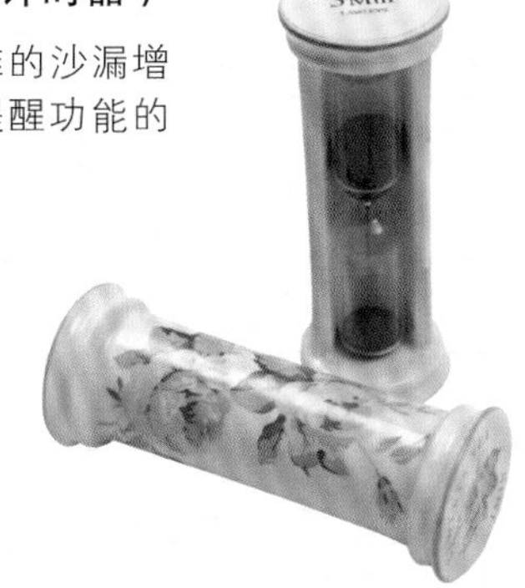

茶罐

以不透光、密封效果好的陶瓷、马口铁材质为佳，可隔绝空气和阳光。

茶壶罩

选择使用保温性好的厚棉布材质，以不易变形的立体机缝方式制作的茶壶罩最佳。

滤茶器

以滤孔细致，把柄略长，较适用于各种茶杯、茶壶的为佳。

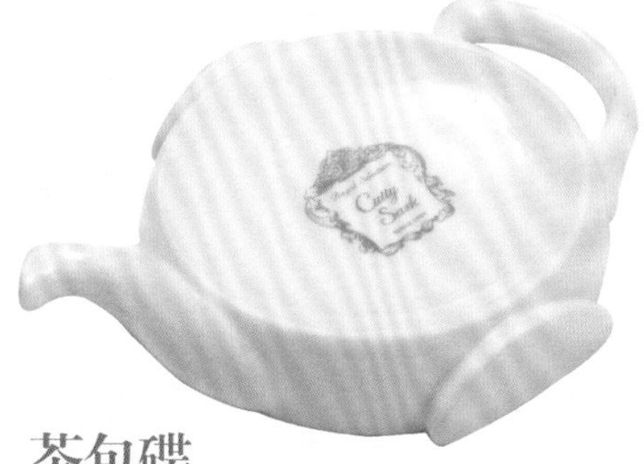

茶包碟

用来放置茶包，也可盛方糖、柠檬片。

一起冲泡红茶吧！

亲民的价格、容易冲泡的特性，让红茶受到喜爱，很快就遍及全球。世界各地的红茶融合了各国的饮食习惯，也发展出了多元化的饮用方式。英式奶茶闻名世界，摩洛哥红茶与薄荷花草密不可分，印度人每天饮用加入香料、用锅熬煮的玛莎拉奶茶，俄罗斯人最爱果酱红茶，美国人喜欢柠檬冰茶可不亚于可乐，使用浓郁红茶制作的中国台湾珍珠奶茶更晋升为国际美食。

这么多变的美味红茶，可别再说你只会加热水喔！只要掌握红茶特性，学会三种基础泡法，包括可以品尝红茶原有风味的热红茶、啜饮清凉口感的冰红茶、享受滑顺奶香的奶茶，还能依据这三种基本茶款，再做进阶的调味变化，就能天天享受悠闲的红茶世界小旅行。

选择茶杯小诀窍

琳琅满目的各种茶杯也是品味红茶时的焦点之一，如何选择茶杯更是一门学问。除了选择最佳的色彩、风格、造型之外，其实最该注意的是杯型；不同的杯型并非只考虑美观的外形，还有适用何种茶款的学问，品饮时懂得搭配运用，更能事半功倍地享受品茶乐趣！

1

1 宽口杯适合闻香气

杯缘明显比杯身大许多，宛如一朵盛开的花向外延伸。这样的设计，最主要的是在享用红茶时能够轻易闻到香气，尤其是部分产地红茶香味纤细，必须仰赖杯缘外翻的设计，才能快速散发香味。例如

1 宽口的茶杯是最常使用的红茶杯，适合品味红茶香气
2 好用的马克杯让饮茶更便利且生活化
3 窄口的咖啡杯也适合盛味道浓郁、易涩口的茶款

下午茶小学堂

新鲜的茶叶才能冲泡出风味、香气皆佳的红茶。未开封的茶叶通常可保存 2~3 年；茶包未开封可存放 2 年，一旦开封后最好在一两个月内使用完毕。开封后的茶叶不要存放在冰箱里，容易吸附其他食物的味道，应用密封容器存放在无光线照射且通风处，或将茶叶装入铝箔袋、食物保鲜袋后，再放入密封罐中保存。

印度大吉岭、斯里兰卡汀布拉，都是适合使用宽口杯来享用的茶款。

2 窄口杯适合保温

杯缘与杯身大小相近（呈圆柱形或杯缘微往内缩的形状），这样的杯子也常被称为“咖啡杯”。由于咖啡香气强烈，不需要借助杯缘外翻就能展现香味，但咖啡最怕的就是放凉之后所增加的苦涩味，因此需要这样的设计来保持其温度。同样的道理运用在红茶上，只要是味道浓郁、易涩口的茶款，就适合选用这种杯型，以不让温度快速下降导致苦涩感增加。例如印度阿萨姆、斯里兰卡乌沃，就比较适合使用窄口杯来享用。

除了以上杯型，日常生活中常见的马克杯，也是现代人饮用茶品时的方便选择。马克杯具有深度够、容量大、便于拿取等特色，不但有空间可添加牛奶，也适合茶包直接冲泡，更可以大口畅饮，让饮茶更为生活化。

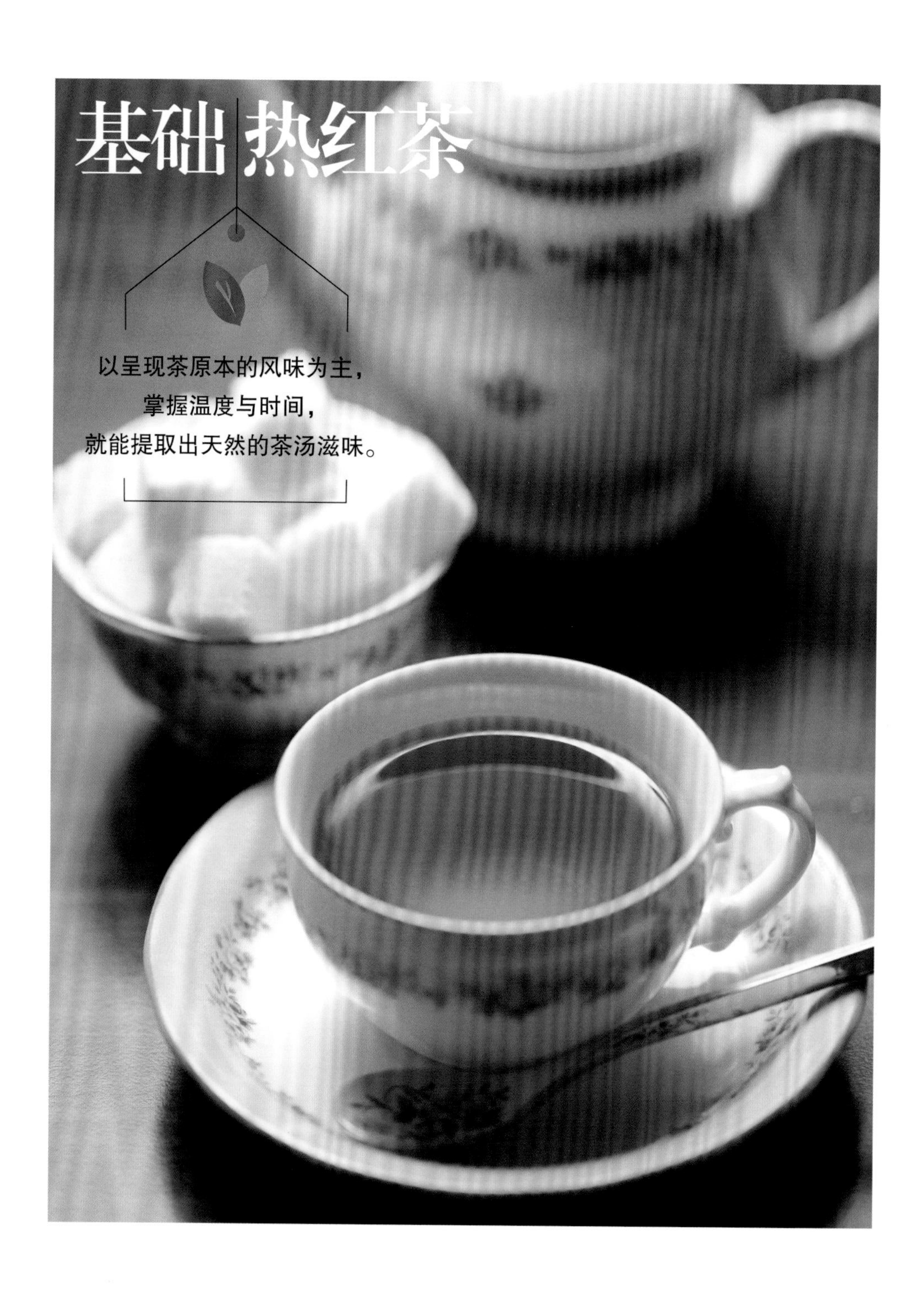

基础热红茶

以呈现茶原本的风味为主，
掌握温度与时间，
就能提取出天然的茶汤滋味。

美味热红茶的冲泡方法

热红茶以能够表现红茶质感、新鲜香气、柔顺口感的茶款为最佳的选择。

● **推荐茶款：**印度大吉岭茶、斯里兰卡乌沃茶、中国祁门茶、英式伯爵茶、带花香的玫瑰茶

每一杯茶所需的材料

● **热水：**150~170mL

● **茶叶量 / 时间：**大叶片茶叶（OP）：3g / 3min

碎叶片（BOP）：3g / 2min

平口茶包（F）：1 包 / 2min

冲泡步骤

1 将约茶壶 1/3 容量的热水冲入壶中，加上壶盖，壶温热后倒出热水。

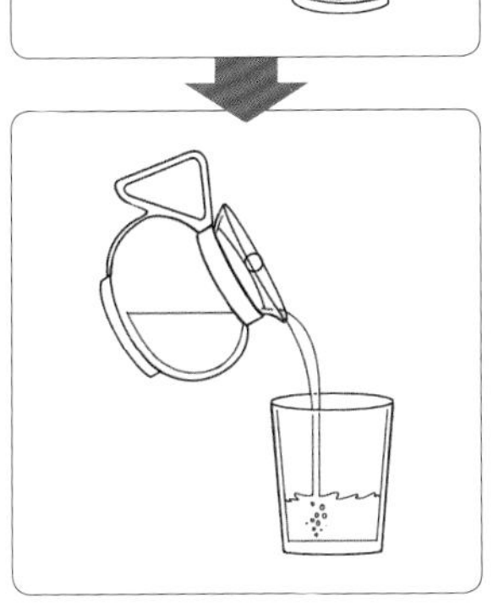

2 将茶叶放入壶中后冲入热水，加盖静置浸泡。

3 时间到后完全滤出茶水即可。

 **Tips** 若使用茶包，通常一个茶包刚好泡一杯茶；若续泡下一杯，浓度及滋味都不佳。

基础冰红茶

色泽剔透的冰红茶，
不仅是下午茶时间受欢迎的茶款，
更是佐餐最好的选择。

美味冰红茶的冲泡方法

冰红茶除了有清爽畅快的魔力，清澈的茶汤也是其魅力之一。想要冲泡出澄澈透明的冰红茶，就必须选择茶单宁较少的茶叶；若茶汤中所含的单宁过多，在与冰块接触时会产生霜化现象（茶汤呈现混浊的外观）。不涩口、味道柔和的冰红茶是最佳选择。

- **推荐茶款：**斯里兰卡汀布拉茶、印度尼尔吉里茶、带着果香的柑橘茶、酸甜香的莓果茶

每一杯茶所需的材料

- **热水：**100~120mL
- **冰块：**1 杯（200mL 杯子）
- **茶叶量／时间：**大叶片茶叶（OP）：6g ／ 3min
  碎叶片（BOP）：6g ／ 2min
  平口茶包（F）：2 包／ 2min

冲泡步骤

1 用热水将茶壶温热后倒出热水。

2 将茶叶放入壶中后冲入热水，加盖静置浸泡。

3 时间到后滤出茶汤，倒入装满冰块的杯中，快速搅拌冷却即可。

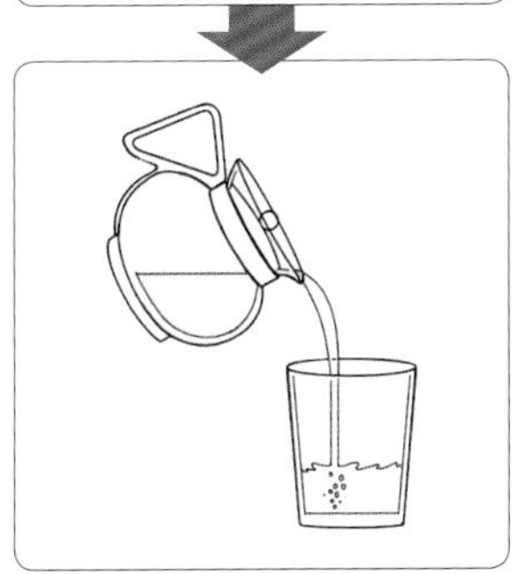

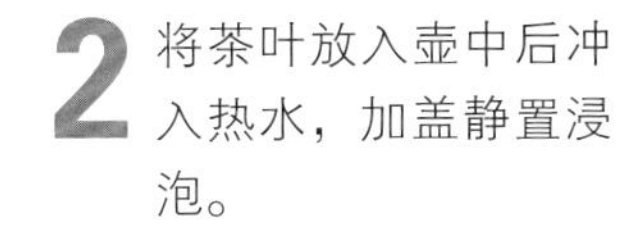

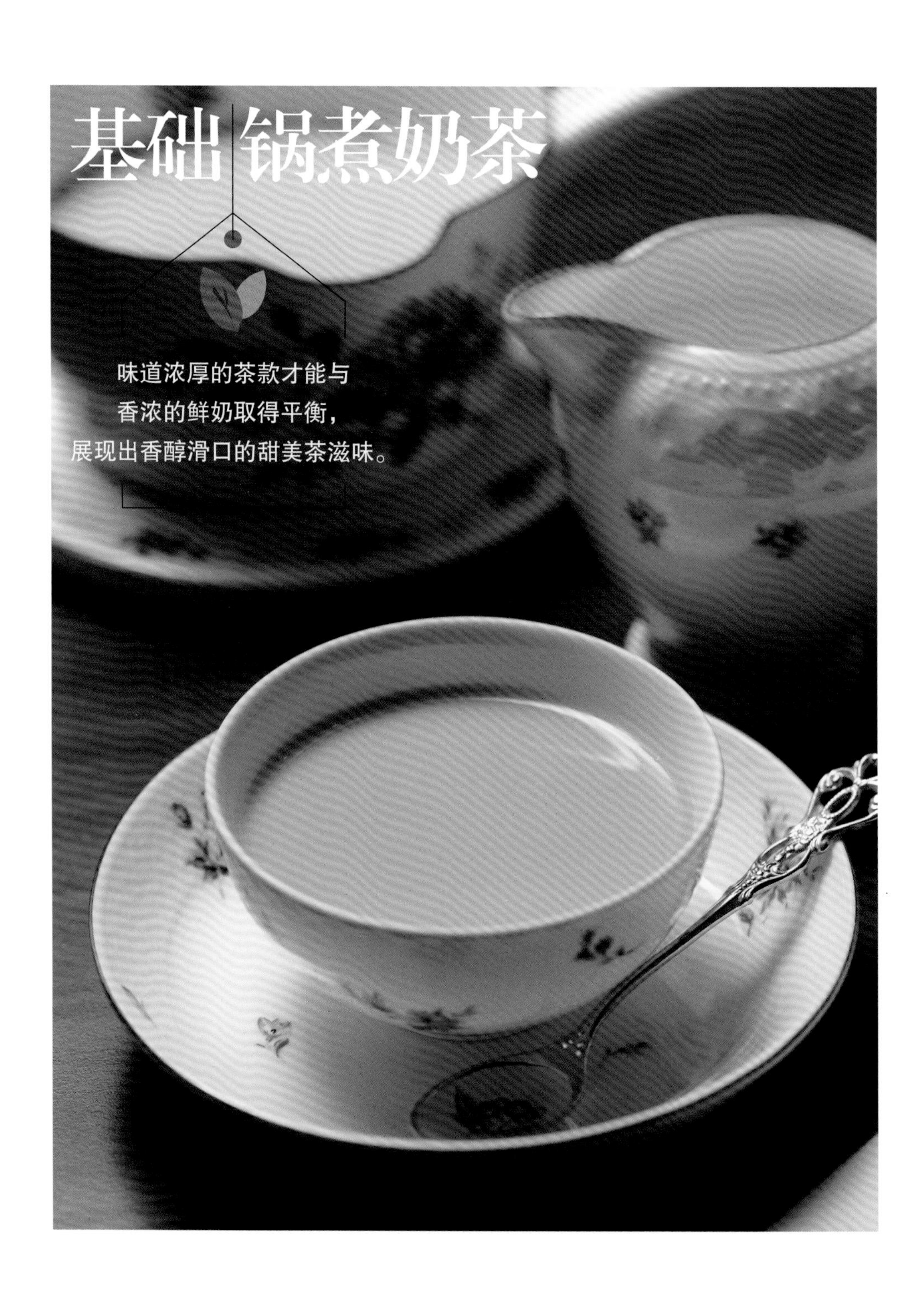

基础锅煮奶茶

味道浓厚的茶款才能与
香浓的鲜奶取得平衡，
展现出香醇滑口的甜美茶滋味。

美味奶茶的制作方法

奶茶美味的关键就是调和茶汤和鲜奶的黄金比例，味道浓厚、带着甜香味的茶款为最佳的选择。

● **推荐茶款：** 印度阿萨姆茶、斯里兰卡康提茶、焦糖茶、肉桂茶

每一杯茶所需的材料

- **热水：** 200mL
- **牛奶：** 180mL
- **砂糖：** 适量
- **茶叶量／时间：** 大叶片茶叶（OP）：9g ／ 5min
  碎叶片（BOP）：9g ／ 3min
  平口茶包（F）：3 包／ 3min

冲泡步骤

1 将热水冲入平底锅中，加入茶叶，用微火煮1min（大叶片2min），让茶叶展开。

2 加入冷鲜牛奶后用小火煮2min（大叶片3min），加盖并注意不让茶汤滚开。

3 将已煮好的茶汤过滤至已温好的茶壶中，并调入适量砂糖即可。

Tips 倒入牛奶后要留意茶汤的热度，不要任其沸腾，用小火煮到温热（冒水蒸气或锅边冒小泡泡）就可以熄火了，避免奶香味转为奶腥味。

享受一周下午茶的美好时光

既可以享用可口点心，还能欣赏美丽茶具、啜饮美味红茶，

下午茶不仅可以独享，也可以与人分享。

以下将提供一周下午茶的建议，你可以依心情、目的挑选想要的组合，

或是邀请亲朋好友来场有主题的下午茶之约，联络情谊！

Monday

周一

茶包周一

还在留恋昨天美好的假期？想挥别忙碌、喘口气，偷个闲用简便茶包冲杯香气四溢的伯爵茶，加上手工核果饼干安慰自己一下，周一不再忧郁。

- 推荐茶品 / 点心：伯爵红茶 / 手工核果饼干
- 美味秘诀：常见的市售茶包一个 2g，可依个人喜好的浓度调整热水用量（一个茶包对应 150~200mL 热水）。重要的是，在冲泡过程中别忘了加上盖子，除了有聚集香气的效果，更能保持热量不流失。

Tuesday

周二

宠爱周二

工作最忙碌的周二，一定要适时地补充元气。煮上一大杯香甜醇美的阿萨姆奶茶，配上涂满果酱奶油的美味司康，尝一口，身体、心理都好满足，暖暖的！

- 推荐茶品/点心：锅煮阿萨姆奶茶/果酱奶油司康
- 美味秘诀：如果没有太多时间可以讲究地享用锅煮奶茶，只要将冰凉的鲜奶放至室温，再加入双倍浓度的红茶汤（2个茶包对应150~200mL热水）中，就能轻松享受爽口的美味奶茶。

淑女周三

女孩们专属的小周末，下午茶当然要带点优雅气氛，五彩缤纷、漂亮的冰水果茶（fruit tea）配上一样美丽的英式甜点，心情也完美。

- 推荐茶品 / 点心：冰水果茶 / 英式甜点
- 美味秘诀：冰红茶中加入当季水果，就形成了美味的水果茶。无论是单品水果，还是 2~3 种水果，可依个人喜好选择。也可以尝试将果汁加入冰红茶中，仿照鸡尾酒的做法制作冰水果茶。

窈窕周四

美丽的你总是努力运动、勤护肤，准备一壶花草茶（herb tea）——玫瑰花茶搭配低热量茶冻，为身体也做个SPA（水疗）吧！享受下午茶就是你健康美丽的秘方。

- 推荐茶品／点心：花草茶——玫瑰花茶／茶冻
- 美味秘诀：花草茶又称草本茶，将新鲜或干燥的花、叶子、种子加入热水浸泡，除了享受花草的清新香气，更能期待其保健作用。玫瑰花瓣、紫罗兰、薄荷、柠檬草等都是常见的调味用材料。

Friday

周五

约会周五

今天要与心爱的他见面，酒茶（wine tea）与巧克力带着些许微醺的甜蜜滋味，充满恋爱的浪漫元素，彼此感情更升温。

- 推荐茶品/点心：红酒茶/巧克力
- 美味秘诀：红茶与酒类混搭，会创造出令人惊喜的好口感与香气。无论是红酒、伏特加、威士忌、白兰地或朗姆酒，红茶几乎可与任何酒类搭配，记住要趁热入口，风味最好！

Saturday

周六

派对周六

等不及要跟好姐妹分享这周买的新衣、昨天的那场电影，准备 Joan 爱的司康、Mickey 喜欢的蛋糕、Susan 爱的奶茶……叽叽喳喳的一下午也不够聊，姐妹们的茶会好开心！

- 推荐茶品 / 点心：大吉岭红茶、斯里兰卡红茶 / 各种甜咸点
- 美味秘诀：与朋友欢聚谈天最好多准备一款双倍浓度的浓缩红茶汤。浓缩红茶汤除了可以添加牛奶，做成奶茶享用之外，还可以直接调入适量热水，还原成一般浓度的茶汤，这样就能更快速方便地准备好红茶，无须中断话题，聊个开心吧！

团圆周日

精彩充实的一周当然不能少了亲爱的家人，趁着阳光耀眼的晴朗好天气，选在郊外或在阳台上准备阖家欢乐的茶会，一起来聚餐。

- 推荐茶品 / 点心：印度阿萨姆红茶、斯里兰卡红茶 / 各种甜咸点
- 美味秘诀：虽然红茶具有搭配各种食物的特性，但不同的红茶温度也会影响食物风味。浓厚的热红茶，可以去除肉类食物的油腻感；滑润口感的微温红茶，则是突显甜点滋味的好搭档；香气清新的冰红茶，便是夏天畅快享受爽口餐点的最佳选择。

特别日子的疗愈系红茶

你也有过这样的经历吗？
心情不好做什么都提不起精神，
工作压力大一直觉得烦躁，翻来覆去就是睡不好……
这种时候除了做做体操、散散步，
再来一杯温暖身心的美味红茶，宠爱自己一下。

“好朋友”来的时候——

姜汁红茶

女孩们最头痛的就是每个月“好朋友”来时的各种症状了，这时候保持身体温暖放松是最重要的事。在热红茶中添加一些加糖熬制的姜泥，就是一杯热乎乎的姜汁红茶，清新香甜又暖身，是每个女孩最贴心的闺中密友。

美·味·秘·诀

将 100g 嫩姜打成姜汁后，加上 50g 黄砂糖，用小火熬煮成蜜糖姜泥，放凉后冷藏。将刚冲泡好的热红茶倒入杯中，再加上 1 大匙蜜糖姜泥搅拌享用，立即感受暖身的效果。

Tips

可以加入 5 颗小豆蔻一起熬煮，让姜泥香气更迷人。蜜糖姜泥可冷藏存放约 2 周。

心情低落的时候——

肉桂奶茶

工作或课业忙碌、不顺心、提不起劲的时候，暂时离开“战场”，喘口气，为自己煮一壶肉桂奶茶吧！自古以来，肉桂就是放松心情的经典良药，再搭配甜香的奶茶，让人感觉好幸福。

美·味·秘·诀

先将热水与肉桂棒一同煮出香味后，再开始锅煮奶茶的步骤即可。如果是冲泡茶包，也可在添加牛奶后撒上肉桂粉，一样可以简单享受肉桂奶茶香。

方法1 锅煮肉桂奶茶

方法2 冲泡肉桂奶茶

睡不好的时候——

玫瑰花茶

翻来覆去睡不好？那么喝一杯优雅美丽的玫瑰花茶吧！不仅养颜美容，天然玫瑰的多酚、茶香还可以安定心神、助眠，晚安！

美·味·秘·诀

制作基础热红茶时将玫瑰花一起冲泡，滤出茶汤后，可调入蜂蜜，制成玫瑰蜜香茶，更加甜美好喝。

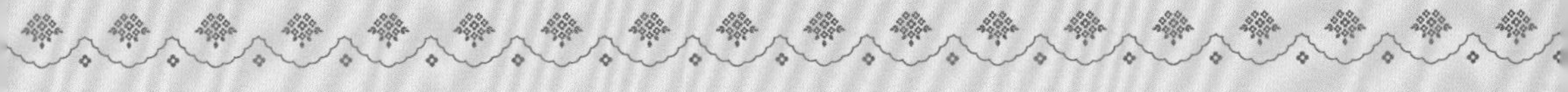

一起来办家庭派对！

在家举办庆祝茶会，不需太多技巧，准备些美味饮品与小点，就是充满欧式风情的家庭聚会，享受轻松悠闲时刻真的很容易！

创造餐桌和谐感的小技巧

首先要准备餐具。没有这么多成套的茶具、餐具怎么办？其实只要选择色调相近的餐具就可以了。不过，如果连色调相近都很难取得的话，那么就在桌子中央等距放上两个同一色系的花卉来串联餐桌的统一感吧！另外，用些充满回忆的小道具，例如阿姨结婚时的喜饼盒，铺上纸巾装饼干，把姐姐大学时代的旧马克杯拿来插花，这些充满回忆的怀旧道具就是开启话题的温馨制造机，让你享受专属的温暖回忆。

一定受欢迎的茶会点心与饮品

派对中，食品是很重要的一环。最大的原则就是方便食用，像不粘手的三明治、咸派、起司球，小朋友最爱的薯条配营养均衡的蔬菜棒，或是不用特别处理的葡萄、草莓、香蕉等水果，都是很好的选择。甜点可以准备一款味道浓郁的巧克力蛋糕、一款微酸的覆盆子挞加上爽口滑溜的布丁，不用一身油腻就能呈现满满一桌的美味。

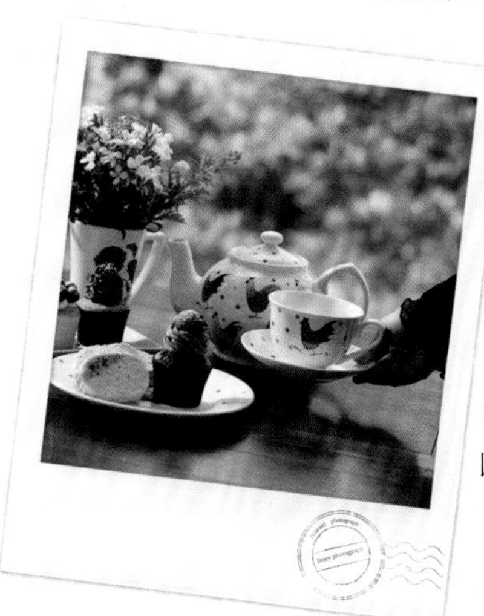

接下来是饮品。如果可以准备一款热红茶、一款红酒和一款气泡饮料，再放上牛奶跟糖罐就很完整了。

这么丰盛摆不下怎么办？把小桌子并起来，或者把高低不同的桌子做阶梯排列，另外桌子上的餐具也能叠高使用，例如在大盘子上放大碗，大盘子边缘可放置饼干、迷你水果挞，而叠放的深碗就可以多放些水果，有效利用桌面空间。

很简单对吗？选一个假日为家人温馨办一桌吧！

附录 1　常见红茶特色说明表

表 1

产地茶		产地	特色	其他
印度 India	大吉岭 Darjeeling	印度喜马拉雅山脉险峻的斜面山坡地	• 茶色为清透的黄橘色。带有清新的花草香气，味道与乌龙茶相似。看起来清透的黄橘色与喝起来爽口高雅的味道让它被称为“红茶中的香槟”。 • 3 ~ 4 月春茶，5 ~ 6 月夏茶，9 月秋茶，大多以中国种茶树栽种。比起春茶，在夏天日照较强的环境中生长的茶叶味道也较浓郁	• 大吉岭是从中国移植的茶苗到印度的试验地之一，由于是唯一的英国人梦寐以求的移植茶树成功的地方，大吉岭红茶被喜爱的程度很高。 • 大吉岭也是早期英国人的避暑居住地，所以拥有许多俱乐部及英式风格的建筑物，深具历史气息。 • 世界三大红茶之一 ★适合：原味茶、冰茶
	阿萨姆 Assam	印度的东部，有一条全长 2900km 的巨大河流从中跨越、东西长约 700km 的广阔平原就是阿萨姆的产地	• 茶色为土红褐色，有甘薯皮的气味，也有秋天带着水汽的落叶的香气，味道浓郁。 • 3 ~ 12 月均可采收，黄金产期为 5 ~ 6 月。英国的硬水特别适合冲泡味道浓厚的阿萨姆茶。产量大且价格便宜，也让它受到更多人的喜爱	• 阿萨姆是世界上最大的红茶产地，现代化的大型制茶工厂林立，产量占印度的 1/2。 • 1823 年，英国人布鲁斯・罗伯特在此发现野生茶树，从此阿萨姆成为红茶重要产区 ★适合：原味茶、奶茶
	尼尔吉里 Nilgiri	印度南边的丘陵地带	• 茶色为透明的鲜红色，具有一般混调红茶味，口感滑顺。 • 一年四季均可采收。黄金产期为 12 月至来年 1 月	尼尔吉里没有太具个性的味道，是应用于混调茶最好的材料 ★适合：原味茶、冰茶

产地茶		产地	特色	其他
斯里兰卡（锡兰）Sri Lanka（Ceylon）	努沃勒埃利耶 Nuwara Eliya	斯里兰卡海拔1800m以上、日夜温差大的山坡地	• 茶色为淡黄橘色，味道重，稍带涩味。 • 黄金产期为1～2月	• 其产地在英国殖民地时代就是英国人的避暑胜地，现在仍留有许多高尔夫球场、赛马场、英式风格的建筑物。 • 因为只有七个茶园，产量极少，总产量不到斯里兰卡总产量的5%，相对价格偏高 ★适合：原味茶、冰茶
	乌沃 Uva	斯里兰卡中央高地的东侧、海拔1400~1600m的山坡地	• 深红的茶色在杯缘产生发亮的金色光圈是其特色，滋味浓郁，涩味重，却有薄荷般清爽的花草香。 • 黄金产期为7～8月	• 知名的立顿红茶在此茶产地购置茶园生产茶叶，并以“从茶园直接到顾客的茶壶”为广告而声名大噪。以科学化的方法来栽种茶树，管理茶园，很快就成为其他茶产地的学习榜样。 • 世界三大红茶之一 ★适合：原味茶、奶茶
	汀布拉 Dimbula	斯里兰卡中央高地的西侧斜坡，海拔1150m的高地	• 茶色为深红橘色，有清爽草香和适中的香味、适中的涩味，就像是红茶范本一样。 • 一年四季均可采收，品质相当稳定	• 汀布拉是斯里兰卡最晚开发的茶园，是吸收其他的成功经验规划开发的茶园。 • 除了现代化制茶工厂之外，进行茶叶的研究、改良的实验室也都在此处设立，这里是一个先进的现代化产茶区域 ★适合：原味茶、冰茶

产地茶		产地	特色	其他
斯里兰卡（锡兰）Sri Lanka（Ceylon）	康提 Kandy	斯里兰卡中部海拔 400~600m 的山岳地带	●茶色为土褐偏红色，带着甘甜香气，味道像柔和的阿萨姆一般。 ●一年四季均可采收	康提为斯里兰卡的古都，在原本种植的咖啡树得病全灭后，1857 年开始栽培茶树，是斯里兰卡最早开始种红茶的地区 ★适合：原味茶、奶茶
	卢哈纳 Ruhuna	斯里兰卡南部的低地	●茶色为深褐色，香气中带着少许烟熏味，口感较重。 ●一年四季均可采收	产地温热多雨，地势低的生长环境，使卢哈纳的产量大且价格低廉。常用来制作混调茶，是在世界各国流通量甚高的茶品 ★适合：原味茶、奶茶
中国 China	祁门 Keemun	中国安徽省的黄山山脉	●常有清爽的烟熏气味，口感温润。 ●产季为 6 ~ 9 月。产地夏天热，雨量丰沛（一年约有 200 天下雨），靠近山脉的地方非常容易产生雾气，很适合茶树的生长	●在中国生产制作，也延续中国茶的特色，香气高雅、口感温润。 ●世界三大红茶之一 ★适合：原味茶、冰茶
	正山小种 Lapsang Souchong	中国福建省	以松木精油熏香而成，浓郁的木香味是深受欧洲人喜爱的神秘香气，调制成奶茶别有一番风味	“正山小种”之名源自对此产地骄傲的种茶历史的强调，意思是正武夷山之小种红茶，这里是中国最早扬名欧洲的茶产地 ★适合：原味茶、奶茶

表 2

原味混调茶	产地	特色	其他
英式早餐茶 **English Breakfast Tea**	大多以印度或斯里兰卡产地茶混调	不论是用餐中去油解腻，还是添加鲜奶享用，都非常适合，是英式早餐中必出现的茶款	冠上英式之名让人感受到纯正英国风，也是初学英国茶入手最简单的茶品之一 ★适合：原味茶、奶茶
斯里兰卡（锡兰）混调茶 **Sri Lanka（Ceylon）Blend Tea**	斯里兰卡	口感滑顺，无特殊香气，单纯的红茶滋味，不腻口	具有亚洲人最熟悉的红茶滋味。无须大伤脑筋，是任何时段都适合品尝的生活红茶 ★适合：原味茶、冰茶、奶茶

表 3

风味混调茶	产地	特色	其他
伯爵茶 **Earl Grey Tea**	从前大多依照传统采用中国产地红茶为基底茶，现今各家厂商采用独特的自家混调茶为基底茶	茶色多为亮橘红色，具有清爽的佛手柑香气，表现出红茶特有的韵味，口感滑顺清爽，适合每一种饮用方式	最早由英国外交使节格雷伯爵在中国茶中加入佛手柑精油熏香调味而成，从此伯爵茶扬名世界 ★适合：原味茶、冰茶、奶茶
玫瑰茶 **Rose Tea**	大多以斯里兰卡红茶或中国红茶作为基底茶	以玫瑰花精油熏香而成，添加玫瑰花瓣让茶品更添优雅浪漫气息，是受到女孩们喜爱的茶款	★适合：原味茶、冰茶、奶茶
印度玛莎拉茶 **India Masala Tea** **（茶伊 Chai）**	印度	以浓郁的印度茶碎为基底茶，调入各式各样的香料，常见的有姜、小豆蔻、丁香、肉桂等，混调香料不但味道层次丰富，还有温暖身体的效果，可以称得上是美味又养身的茶款	玛莎拉就是印度语“各式各样香料”的意思。对于当地人来说，饮用玛莎拉奶茶是每天充满元气的必要方式 ★适合：奶茶

附录 2 红茶搭配大师——与各种食材的搭配指南

 原味茶  奶茶 I 冰茶  冰奶茶  最佳搭配 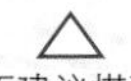 不建议搭配

爽口

搭配食品	印度大吉岭茶	斯里兰卡混调茶
油脂成分较少的爽口点心 和果子、软糖、戚风蛋糕、蔬菜三明治	B👍、I	B👍、I👍
奶油成分较多的点心 奶油饼干、奶油蛋糕、司康	B👍	B、IM👍
鲜奶油成分多的点心 鲜奶油蛋糕、泡芙（卡士达鲜奶油）	△	M
巧克力甜点	B	M
烟熏肉品、火腿	△	B
起司	△	B
海鲜	△	B👍
三明治、面包	B	B、I
油炸点心	△	△
辛香料（咖喱）	△	△

温润 → 浓郁 → 浓

	中国祁门茶（木质香气）	伯爵茶（佛手柑香气）	斯里兰卡乌沃茶	印度阿萨姆茶	英式早餐茶
	B、I	B、I	B	B	△
	B👍、I	B、IM	B👍、M	B、M	B、M👍
	B、M	B、M👍	B👍、M👍	B👍、M👍	B、M👍
	B、M	B、M👍	B、M	B👍、M	B、M
	B👍	△	B	B	△
	B	B	B👍、M	B👍、M	B、M
	I	△	B	B	△
	B、I	B、M、I	B、M	B、M	B、M
	B	B	B👍	B👍	B
	B	B	B、M	B👍、M	B、M

备案号：豫著许可备字-2015-A-00000529

图书在版编目（CIP）数据

英式下午茶的慢时光 / 杨玉琴著. —郑州：河南科学技术出版社，2017.7
ISBN 978-7-5349-8795-3

Ⅰ. ①英…　Ⅱ. ①杨…　Ⅲ. ①茶文化-英国　Ⅳ. ①TS971.21

中国版本图书馆CIP数据核字（2017）第144655号

出版发行：河南科学技术出版社
地址：郑州市经五路66号　　邮编：450002
电话：(0371) 65737028　65788613
网址：www.hnstp.cn
策划编辑：刘　欣
责任编辑：葛鹏程
责任校对：马晓灿
封面设计：张　伟
责任印制：张艳芳
印　　刷：北京盛通印刷股份有限公司
经　　销：全国新华书店
幅面尺寸：170 mm × 230 mm　　印张：8　　字数：150千字
版　　次：2017年7月第1版　　2017年7月第1次印刷
定　　价：49.00元

如发现印、装质量问题，影响阅读，请与出版社联系并调换。